U0226114

取悦自己的无限种可能

本真的器物

享受器物生活的
7个场景
×
55位匠人艺术家
×
基础知识

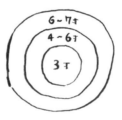

暮らしの図鑑
うつわ

[日]生活图鉴编辑部 编
王书凝 译

中信出版集团 | 北京

图书在版编目（CIP）数据

本真的器物 / 日本生活图鉴编辑部编；王书凝译
. -- 北京：中信出版社，2023.7
（取悦自己的无限种可能）
ISBN 978-7-5217-5517-6

Ⅰ.①本… Ⅱ.①日… ②王… Ⅲ.①生活用具－介
绍 Ⅳ.① TS976.8

中国国家版本馆 CIP 数据核字 (2023) 第 048775 号

暮らしの図鑑 うつわ
(Kurashi no Zukan Utsuwa: 5980-5)
© 2019 Shoeisha Co., Ltd.
Original Japanese edition published by SHOEISHA Co., Ltd.
Simplified Chinese Character translation rights arranged with SHOEISHA Co., Ltd.
through Japan Creative Agency Inc.
Simplified Chinese Character translation copyright © 2023 by CITIC Press Corporation
本书仅限中国大陆地区发行销售

装帧 · 设计	山城由（surmometer inc.）
插画	荒木美加（surmometer inc.）
摄影	安井真喜子
	（P56~61,174,175,186,189,190,192,193,195,204,205,207）
文	铃木德子
编辑	古贺 あかね

本真的器物

编者：　　[日] 生活图鉴编辑部
译者：　　王书凝
出版发行：中信出版集团股份有限公司
　　　　　（北京市朝阳区东三环北路 27 号嘉铭中心　邮编　100020）
承印者：　北京启航东方印刷有限公司

开本：880mm×1230mm　1/32　　印张：7.25　　字数：70 千字
版次：2023 年 7 月第 1 版　　　印次：2023 年 7 月第 1 次印刷
京权图字：01-2023-1310　　　　书号：ISBN 978-7-5217-5517-6
定价：72.00 元

构成我们生活的有多种事物。亲手挑选物品可以让我们每天的生活绚丽多彩。《取悦自己的无限种可能》系列图书甄选精致事物，只为渴望独特生活风格的人们。此系列生动地总结了使用这些物品的创意，以及让挑选物品变得有趣的基础知识。此系列并不墨守成规，对于探寻独具个人风格的事物，极具启迪意义。

这本书就是为了帮助读者找到专属的精致物件，发挥器物本色并打造出具有独特个人风格的生活。本书以图文并茂的形式向读者展示每一件器物的使用创意，并让大家在了解关于这些器物的基础知识后更加享受挑选各种器物的乐趣。

这本书没有老生常谈，有的只是培养独到的审美眼光的好方法。

这本书的主题是"器物"。这些器物能够使人们每天的用餐时光充满愉悦和丰富的美感。我们围绕工艺匠人精心制作的各色器物，向各位读者展示它们的魅力和有趣之处。

1 从器物开始享受更有乐趣的生活

SWEETS

1

从器物开始
享受更有乐趣的
生活

"器物"在我们的日常生活中无处不在。

虽然器物是"必要的生活用品",但你若能将称心如意的器物搭配合适的菜色和季节,并享受创造的乐趣,生活也会变得丰富多彩。

对器物的选择与偏好因人而异。至于找到属于自己的"有器物相伴的生活"的诀窍,就让我们来一起问问艺术长廊里的各位匠人吧。

器物的选择

　　选择器物并没有什么特定的要求。先把你一见钟情的那件器物拿在手里看看吧。"想要使用它"的想法无比重要。不论是杯子还是盘子，如果第一眼就看中了，都不妨带回家，试着用它们为自己沏一杯茶、摆上一盘菜品品看。

你家里现在
有什么样的器物呢

你家里现在有什么样的器物呢？在寻找新器物之前，首先需要确认家中碗柜已经收纳了哪些餐具。经常出现的那几款器物，就是最符合生活习惯的款式。如果你喜欢日料，建议选择4~6寸碗盘；如果你喜欢西餐，7~8寸平盘或许更加符合使用习惯和标准。只有先了解自己的生活状态是什么样，才能够买到贴近自己生活的合适器物，这样一来便能减少"买来后就束之高阁"的浪费情况。

诸如饭碗、马克杯、筷子等私密性较强的非公用型器物，更加个性化。它们很容易反映出个人喜好，我们不妨先从这些物件入手改造生活。在此之后，可以继续置办家人共同使用的器物和日常生活的必需品，也可以陆续采买其他一些辅助性器物，从而逐渐摸索出自己的风格。

另外，在购置新器物时，经常会出现"到手的实物和店里看到的不一样"的状况，这往往是店铺和家中光线不同导致的。请尽量选择与家中餐厅光线一致的店铺进行采购，并且在自然光线下确认器物本真的颜色。

西式餐具

·以平盘为主
·通常摆于桌面
·一人一盘

　　像牛排、可乐饼等西餐，通常是装盘后再淋上酱汁，所以碗盘的深度无须多加考量，需要注意的是碗盘的宽度是否适合菜品本身的宽度。吃西餐时，人们也不是直接端起碗喝汤，而是用汤勺舀起。所以比起餐具的深度，西餐更需要注重餐具的宽度。

　　西式碗盘不能捧起来拿在手上，除了宽还有一定的重量。另外，西餐一般是分餐制，所以在摆盘时各色餐盘要按人数等量备齐。

　　在了解到诸如此类的背景知识后，你是不是有了很多想法，比如"我们家通常是在餐桌上的一个大碗里自行取食，那就应该多买些类似钵的容器""家里没有西式餐盘，是不是可以添置一些"……按照生活习惯去选择器物，就能找到自己真正所需之物。

和皿

·以有深度的碗盘为主
·有以手执器的文化
·分餐使用

日式餐具
与西式餐具

　　日本的饮食文化融合了传统的和食与现代的西餐,因此日本人的餐桌上经常会同时出现日式餐具和西式餐具。如果了解当地的饮食文化,就能挑选出合适的餐具。

　　日式料理中常见炖菜,如土豆炖肉等浓汤赤酱的菜品都有汤汁,因此大多使用具有一定深度的碗盘。通常先装在一个海碗里,各人再自取一些到各自的小碗里,这种饮食习惯在日本和东南亚都很常见。人们在用餐时倾向于将饭碗端在手里,所以器物的形状与大小也是值得留心的重点。

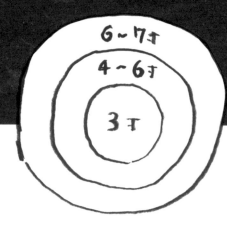

6〜7寸

4〜6寸

3寸

1寸 = 約3cm

挑战碗柜里从未有过的器物形状和尺寸

　　有些人"总是一不留神就买重复的东西"，建议有意识地选择不同大小的器物。比如豆皿（小碟子）、酱油碟大小的器物中，最小的尺寸在3寸左右，分餐取食的盘子控制在4~6寸；一般的主菜盘则是6~7寸。器物大小各异，盛盘的方式也不尽相同，因此餐桌也会随之发生改变。

　　对于器物，除了选择不同的尺寸，刻意挑选碗柜里未曾有过的形状也是个好方法。在摆盘时加入方形器物或椭圆形器物，就能让餐桌的视觉效果更具层次感与设计感。形状不一的餐盘用来装鱼等长条菜肴时，也能通过制造留白，赋予装盘后的菜肴以美感。

　　造型个性十足的豆皿，能在餐桌的布置上成为点睛之笔，比如形似葫芦和折扇的豆皿就很适合吃汤锅类菜肴时用来盛放柚子胡椒等作料，也适合吃天妇罗的时候用来装盐。有图案的豆皿，也可以结合不同的主题营造出季节感。

灵活运用不同形状的器物

　　生活中的器物其实很少被人们单独使用，多数情况下都会搭配其他器物。从现在开始就试着搭配组合你欣赏的各类器物吧。

　　仿照花形制作的日式器物被称作"轮花"，只需一个轮花，以往平淡无奇的餐桌就会显得生动漂亮。就算只是用一个小小的轮花装上酱菜，也会在餐桌上烘托出活泼的气氛。然而，在餐桌上同时摆放过多的轮花会过犹不及，若想要恰到好处地利用器物营造温馨的餐桌氛围，一顿饭最多陈列一两个轮花。除了轮花，其他个性化的器物也是如此使用，在众多基本款器物中点缀一两个造型别致的器物，更能衬托出其独特的形状。

　　即便是造型相同的轮花，也会因为材质的不同而给人完全不同的印象。玻璃制轮花显得轻巧精致，瓷器质感的轮花显得端庄高贵，用金属铸造而成的轮花显得古朴雅致，陶制轮花则充满生活质感与人情味。轮花的花瓣片数与雕刻纹理的不同，也会改变整体的风格。去探索你中意的轮花款式吧。

采用染付和色绘技法的器物

提起陶瓷（日语写作"烧物"），大部分人会联想到用土烧制的白色素坯，但实际上陶瓷有很多种类。

如果将器物比作"食物的衣服"，素色的基础款可以广泛应用于各种场合与风格。但就像人们偶尔穿上全是花纹的裙子或者刺绣的罩衫扮时髦一样，点缀染付和色绘的陶瓷，也能让餐桌更加丰富多彩。

染付是指先将蓝色的颜料涂在瓷器上，再叠加一层透明釉药后烧制。色绘则是在白色素坯上以红、黄、绿、紫等颜料进行彩绘，在菜品的颜色比较单一时，五颜六色的彩绘图案也能增添色彩。

不仅可以整个釉面覆盖图案，而且可以只在部分位置点缀图案，其余部分全是留白。为了让菜肴与器物相得益彰，别忘了在装盘时留白，让用餐者可以看到彩绘图案。

玻璃

瓷器

柴烧陶

享受搭配
不同材质器物的乐趣

　　挑选器物如同挑选衣服。衣服有棉、麻、丝、羊毛等多种多样的材质，器物按原料划分，包括瓷器、陶器、玻璃器、木器、漆器等。每一样工艺品都有着与众不同的风格和使用方式。

　　以陶器和瓷器为基础，再融入一些玻璃和木料等其他材质的器物，餐桌便能更好地呼应季节并彰显层次感。因此，我们首先需要考虑的是菜品与器物是否互相呼应，接着再从摆盘的角度考察器物的颜色、材质、形状。

　　就像大家穿上时下流行的服饰后，还会再佩戴相称的饰品，打造出个人独特又鲜明的风格。

　　不管是衣服还是器物，我们都能享受搭配的乐趣，同时凸显自己与众不同的品位和独创性。

SWEETS   COFFEE   TEA

无耳口杯的趣味性

对喜爱收藏器物的人来说，选择茶具本身也是一桩乐事。人们普遍会在喝红茶时使用茶杯，在招待客人时选择茶碗……然而这种方式仿佛是上个时代的做法。在现代社会中，不管是喝日本茶还是喝红茶，越来越多的家庭会直接用马克杯，不会特意添置日式茶杯。

不管装哪一种饮料，无耳口杯都能完美适配，因此它活跃在现代人的生活中。红茶、咖啡、牛奶、汤——不管把什么液体倒入无耳口杯中，都挺像那么回事。杯身较高的口杯可以用来装酒水，荞麦猪口可盛甜点和酸奶。

无耳口杯是很多手工艺匠人都会制作的器物。如果日常使用形状各异、技法不一且颜色多样的无耳口杯，那么餐桌定能发生很多出人意料的变化。无耳口杯没有把手，这一特色让它的使用场景不受限制，它甚至可以被当作小碗，是一件实用的万能单品。

摆盘

　　盛装筑前煮（日式炖菜）时，选择同色系的柴烧陶更显雅致。如果是炸鸡块，则需要挑选彩绘瓷器来凸显丰盛。如果是土豆沙拉，则适合装进轮花。即便是每星期都会上桌的家常菜，只要更换不同的器物，整体气氛也能摇身一变。

　　总有身心倦怠不想下厨的日子……试试先把精美的器物摆出来，或许能从中汲取烹调灵感。我将给各位读者介绍一些能让菜肴看起来更诱人的摆盘小诀窍。

高さを出して
山のように盛る

取适量菜肴，码成小山包

如同搭配服饰有技巧一般，摆盘也有一些技巧。

首先要记住的是留白。以器物的整体大小为基准，菜肴只占盘子2/3左右的容量是最美观的摆盘方式。食用量+空白=器物尺寸。

其次注意菜系，在盛日式料理时，要尽量避免让菜肴显得单调枯燥。比如，在将凉拌菜装进盘子里时，切记将其码成小山包的形状。而在摆放生鱼片时，要把生鱼片码在更为浅平的盘子里，但是不要让其紧贴在盘子上，要利用萝卜丝和裙带菜等配菜，呈现出错落有致的美感。摆放在前面的生鱼片要稍稍低一点，后面的则略高。根据盘子的深度摆放，看起来和谐优美。

以上规则也适用于在同一个盘子里摆放菜品组合。像儿童鸡肉饭可以先放进碗里，再将碗倒扣在餐盘中央，这样做出的半球形饭团就能与其他平铺的配菜形成高度差，让整体视觉效果更富有层次和设计感。

魚
Fish

洋食
Meat

装饰性配菜放哪儿有讲究

烧好的鱼看起来真是令人食指大动。那么，接下来应该怎么摆盘才合适呢？每每遇到需要装盘的时候，总是很发愁对吧？"日料的规则"听起来很呆板，但为了在招待客人时不失体统，有些规矩还是知道为好。

整条鱼要装盘时，请务必将鱼头扭向左侧；如果是将剖开后的鱼身盛盘，要让带鱼皮的那一面朝上。单条鱼则要搭配萝卜泥等小菜，这些装饰性配菜应该放置在靠近用餐者右手的鱼身前面。在配菜的下方再垫紫苏叶，更能丰富菜肴配色。

相比之下，西餐在装盘时要将主菜放在最前面，并在主菜后方码放卷心菜、菜丝等配菜。一人份酱汁单独倒在豆皿里，在为餐桌增添视觉亮点之余，也可避免一次性蘸取过多酱汁。

如对页的图片所示，在配菜的盛盘方面，日料和西餐的区别一目了然呢！

木纹的用意

把一人份餐食放在餐垫或托盘上,会产生统一感。

在使用木质餐盘的时候,要稍微留意木纹的方向。在食客看来,木纹的走向应该是横着的。餐垫、托盘如此,其他木制食器也要遵循这一准则,哪怕是面积较小的杯垫、木碗也无一例外。

虽然也有"木纹走向不一致会不吉利""木纹非横向看起来碍眼"等说法,但是最主要的原因是,木材的纹路处容易裂开。在用木制托盘端送热汤等菜肴时,横向木纹的托盘两端不容易开裂,所以比较安全。

其实大部分看似呆板的规矩,都是从实用的角度出发的。

WINTER

SUMMER

像换衣服一样
随季节换餐具

厚实的毛衣是冬天必不可少的服饰，但在夏天来临时，人们就得穿上轻薄的麻制衣衫。餐具的选择也会随着季节变化而变化。

左页是某年冬日拍摄的照片，本页上方的照片出自某年夏天。冬季，我们会选用形状敦实、颜色厚重的碗来盛满配料丰富的味噌汤。夏季，则选用轻薄透亮的玻璃器物盛放水果，用清凉的染付碗盛盖饭。其实就如同随季节更换衣物一般，换季时也需要选择不同颜色和材质的餐具，从而为餐桌增添更多趣味。

如果同一道菜分别装进玻璃器物、瓷器、陶器中，就会给人截然不同的感受。

虽然"什么菜就固定搭配什么碗盘"这种做法也能加深大家对拿手私房菜的印象，但试着根据季节更换器物也是件乐趣无穷的事情呢。

日料和西餐的混搭

我们学习了五花八门的摆盘方法，但在茶歇或者早餐时间，不必囿于刻板的规则。将日料和西餐的食器混搭也会获得意想不到的乐趣。

例如，用日式的荞麦猪口装上咖啡，把正宗的德式圣诞蛋糕装入朴实的日式餐盘，会碰撞出奇妙的火花。民间手工艺风格的马目皿、三岛、染付盛放西式烘焙糕点，有使人眼前一亮的混搭效果。

偶尔用日式5寸钵盆或者有些许深度的无耳口杯来盛汤，能增加用餐的新鲜感。花花绿绿的三明治装进素雅的粉引碟，切片面包摆在古雅的彩绘有田烧经典盘子里，都是值得玩味的混搭。日式和西式食器的复古混搭，能让人回忆起日本大正时代的摩登风情。

因被使用而大放异彩的器物

　　器物作为一种工艺品,有属于艺术的一面。因此,很多人觉得有些器物比较贵重,不舍得拿出来使用。在日语里,器物也叫"割物",指的是易碎之物。对于器物,长期使用是很理想的状态,但归根结底器物属于日常消耗品。

　　使用称心如意的器物,可以让繁忙的日常生活丰富起来。结合自己的生活习惯,尽量小心使用器物就可以。如果担心破损,可以选择结实一点的器物。如果想要适用于洗碗机和微波炉,就选择特定材质的器物。此外,漆器和木器一样,都应避免过于干燥。即便漆器具有艺术美感,也不能将其束之高阁,每天使用才是长久保存漆器的诀窍。

　　比起摆在一旁观赏,经年累月地持续使用器物才能更了解它们的特质,发挥它们更大的价值,与它们产生更深厚的感情联结。

家居器物

尽管碗柜里已经陈列了各色食器，很多人仍然想要尽可能多地使用中意的手工艺器物……这种情况下可以考虑入手花瓶、花盆、餐具置物架等家居小物，或者在家中摆设装饰性陶盘。就算破损，也可以用金继（一种修补技术）等工艺技法进行修复。在此将向大家介绍一些让器物贴近生活的做法。

创造私人的艺术空间

　　想在家把器物摆得像画廊一样有艺术感，但苦于家中面积不够？如果家里的空间不理想，就利用窗台、玄关、置物架和五斗橱的桌面等地方陈设器物。可以依照季节和心情，在一片区域里设计自己的画廊。

　　摆设器物的时候不知不觉就会放很多，这样会显得杂乱无章。建议先把需要布置画廊的位置清空，在考虑留白的同时，一点点地摆放器物，便能打造出具有美感的艺术空间。

　　形状近似的器物以等距离依次摆放，形状迥异的器物则可以拉开一定的距离陈列，打造出错落有致的美感。不要集中陈列器物，用不对称的陈设方式反而可以营造出舒适感。艳丽的彩绘器物则推荐使用置物架展示，这样就更有画廊的艺术氛围了。

领略插花的意趣

　　时令鲜花能够为生活增添色彩和芳香。思考五彩缤纷的花材要如何与相称的花瓶搭配，也是件乐事。华丽的花束和传统的日式插花在美感上各有千秋，把小院中和郊野外的三叶草、小雏菊，随意地插在瓶中也会让房间充满生机。不用过多烦琐的设计，捻一枝小花插进瓶里试试看吧。

　　选择花瓶时，瓶口的大小是重点之一。如果用口径较宽的花瓶插单枝或一小束花材，花枝就会看起来松散，比例不协调。无法把花材插得美观的时候，换一个窄口径的花瓶（中文叫作"蒜头瓶"）更容易掌握花与瓶的平衡。

　　当插花的技术越发娴熟之后，也能尝试在广口花瓶中插上纤细的花枝，也可以把爬蔓青藤插进德利（日本烧酒瓶）里。不妨试试各种插花方式。

随处可放的器物

除了用来提亮餐桌,器物还能用于其他各处,不如一起看看吧。

像片口(一种酒器,有出水口的分装壶)、德利、水壶、玻璃瓶、大碗等器物可以在插花时尝试使用。如果要用花留(用于固定花枝的道具)或金属线来固定花材,大口径的花器也能轻松地插花,但需要当心瓶中的植物容易繁殖细菌。如果用食器当作花瓶,尽量不要再用来盛装食物。

就厨房的布置方式而言,简单地把餐具插进水壶里收纳就很美观了。带盖的小壶可以用来存放腌渍的梅子或调味盐,这么布置也别具一格。

可以在玄关放置高大的瓷瓮当作伞架,或在门廊边放上喜欢的小器物当作装饰盘等。诸如此类的生活小妙招,能够在餐桌之外的地方为生活平添乐趣。

URUSHI
SHIN-URUSHI

利用金继延长器物寿命

　　即便爱不释手的器物不小心破损了，也还是舍不得丢掉。这时候或许可以利用金继工艺让心爱的器物起死回生。金继原本是用于修复破损艺术品和茶具的技术。因为它需要耗费大量的时间，又得使用稀有的漆料，所以过去很多人认为金继只能用来修补昂贵的器物。到了现代，人们想要让寄予感情的器物继续物尽其用，金继便成为很多人的选择。但金继的报价并不低，于是近些年越来越多的人开始尝试自己用金继对破损的器物进行修复。日本各地也开设了许多这样的手工艺教室，金继这项技术不再那么高不可攀。

　　金继使用的新漆由植物性合成树脂制成，不用担心接触它会导致皮肤过敏。初学者也能轻松操作。但是，用新漆修复的器物不推荐当作食器。如果想要认真地学习金继这项工艺技术，还是得使用本漆（真正的漆）。本漆原本就是金继的原材料，并且用其复原的器物往后仍旧能当作食器。大家可以根据自身需求来选择合适的材料。

Present

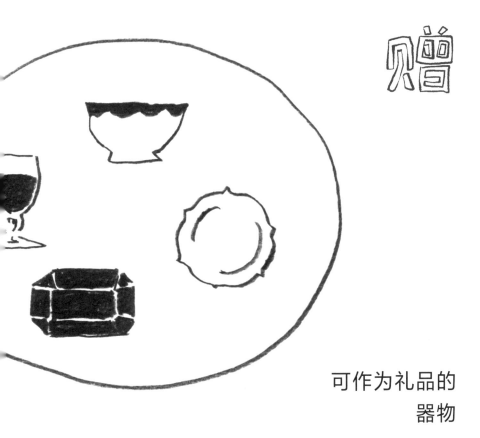

赠

可作为礼品的
器物

　　器物十分适合当作结婚贺礼、满月贺礼、退休贺礼，是常
见的贺礼选项之一。如果你常常为送什么贺礼而发愁，下面将
给你介绍一些挑选贺礼的小窍门。

Present

准备送礼给什么样的人

礼物是很私人的东西。如果对于送什么礼犹豫不决，先好好思量一下对方的具体情况，比如家庭成员的组成和兴趣爱好，还有喜欢的食物。如果对方喜欢日本酒，我们可以选择类似猪口（日式酒盅）的酒器，收礼者一定会感到开心呢。比起只说漂亮话，根据他人喜好和实际需求送出礼物更能表达我们的感激之情。

人们在开始新生活的时候，也会为了置办各种各样的物品而花费不少钱财。如果是新婚夫妇，那么恐怕不会在添置餐具方面投入高额的预算吧。为了恭喜他们喜结良缘、踏上人生新旅程，我们可以选择本漆食碗等耐用又高级的器物作为结婚贺礼，也可以选择待客的茶杯、咖啡杯套装当作新婚贺礼。

在挑选器物时，一定不要忘了回忆关于收礼者的点点滴滴。一边想着对方，一边用心挑选礼物，最终礼物配得上你所花费的宝贵时间。

MOAS Kids
https://www.utsuwa-hanada.jp/moaskids/

为小朋友量身定制的器物

　　小朋友的专属餐具大部分都是掉到地上也不会摔坏的产品。他们年龄尚小，方便使用的餐具能让他们愉快地享受用餐时光。

　　不同于全家人公用的大号餐盘，碗筷是每个人每天都会使用的专属餐具，我们也更容易对"我的碗""我的筷子"产生一种亲切感。如果孩童到了会熟练使用碗筷的年龄，就让他们选择自己喜欢的款式吧。这样也能让小朋友自然而然地产生爱惜东西的想法。他们长大成人后，小时候用过的某件餐具，也能成为充满童趣的幸福回忆。

　　因此，"MOAS Kids"专门为小朋友量身打造了一系列餐具。这个系列的餐具被设计成适合小朋友的大小和形状。它们不仅可以自己使用，也可以当作新生儿贺礼。

MOAS
https://www.utsuwa-hanada.jp/moas/

谁都能安心使用的食器

有没有觉得手中的器物太重？以前不曾感觉到重量，随着年龄增长逐渐感到沉重。

"MOAS"也为行动不便的人士设计了一系列餐具，它们兼具外形美观和使用方便的优点。这套器物以不容易打翻、便于拿取、抓牢握稳、方便盛取、方便移动及轻盈为设计理念，由八位手工艺匠人亲手打造。

为了便于盛取饭菜，器物的边缘设计了凹槽；为了不易被打翻，碗底做得更加宽大，从而能够更平稳地放在桌面上。在细节的创意上，工匠下足了功夫。

变化的是年龄的增长，不变的是享用美食的乐趣。为关爱身边人而倾注满满心意的"MOAS系列器物"，很适合当作礼物！

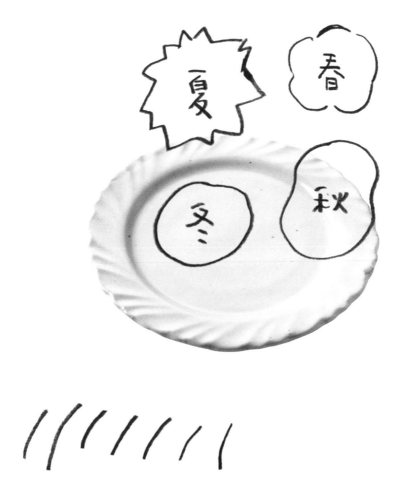

用心感受融入季节氛围的器物

　　如今一年四季都供应各色蔬果,所以大家对季节的变化变得迟钝。何不用富有季节感的器物来为餐桌增添时令气氛呢? 这里将提供一些安排餐桌的小思路,让你能感知和品味四季的变化。

春:蔬菜是主角

　　在百花齐放的春天,人们在赏花时拿出一件多层的漆器便当盒,马上就会感到春意盎然。

　　春天,是丰富多彩的食材开始依次登场的时候。平时用餐的话,要有意识地选择器物。质感与色调柔和的食器更能映衬出春季时蔬的鲜嫩。

　　可以选择灰色或白色的浅色食器,在餐具底铺上质地柔软的淡色棉麻餐垫,再搭配一些木质或玻璃器物。边缘带有浮雕的器物,更凸显了春日蓬勃的生机。为了避免摆盘的整体风格过于甜美,可以使用做旧复古风器物来中和,演绎沉稳的春日风情。

夏:纳凉

夏天一年比一年酷热。

要不要加入一些清凉感十足的工艺品呢,比如竹筐、玻璃制品、蓝染手帕?

手帕是兼顾擦拭、包裹和装饰等多种功能的物品。正反两面都注染的手帕,也可以拿来挂在窗边或是当作门帘。用力拧过后,也能当作毛巾。

用白底、蓝色图案的瓷盘盛上荞麦面,也会给人清凉的感觉,可以把它装进竹篮。

小碟子适合盛放口感清爽的黄瓜片、凉拌茄子和腌菜,纳凉时再搭配一壶冷酒,不禁让人感叹最是清凉好夏天。

秋：赏月

暑气未消的闷热秋天让人大汗淋漓。

农历八月十五能看到一年当中最美的月亮，这一夜的月亮在日本也被称作"芋名月"。还有农历九月十三的"十三夜"（日本传统赏月节日），这时的月亮被叫作"栗名月"或者"豆名月"。

"芋名月"到来时，日本人会按照习俗将这一年丰收的芋头、栗子、毛豆、稻穗等农作物和神酒一起供奉给神明，并用芦苇做装饰，然后大家聚在一起赏月。当季的传统美食是清淡的汤汁炖芋头，芋头煮好后装在豆皿里，再将冷卸酒（春天酿造并冷藏到秋天才开启的一种清酒）倒入喜爱的酒杯里，坐在缘廊上一边吃喝一边眺望夜空的月亮。

秋天是收获的季节，充满大自然馈赠的美食。我们在品酒后，还享用新米、秋刀鱼、蘑菇汤等秋天的压轴菜。

冬：温暖的餐桌

冬天，吹在脸颊上的风都变得冰冷。

晚餐就吃点让身体从内到外都温暖起来的法式炖汤如何？法式炖汤是诞生于法国的家庭料理，有"架在火炉上的锅子"的意思。在导热性、耐热性良好的土锅里加上腌好的肉和蔬菜炖煮，然后热气腾腾地直接端上桌。先使用汤勺从有一定深度的锅里取出汤汁，接着把食材也舀出来盛盘，再抹上黄芥末酱享用，最后把浓缩了美味精华的汤底做成烩饭也令人赞不绝口。

锅底铺上用粗毛线手工织成的餐垫，面包摆放在质感温厚的木制砧板上。越是在寒冷的季节里，越要选择这些格调温暖的器物搭配热汤食用。

新春佳节：贺词

霜降后，人们在雪花漫天飞舞的时候迎来了春节。

今年拜谒家里的神龛并祈求来年平安顺遂了吗？日本有各式各样的吉祥物，比如熊手、招财猫、达摩等象征好运的小摆件，动物造型的张子（一种纸糊的日本乡土玩具），憨态可掬的陶土人偶，还有用稻草做成的鹤、乌龟等寓意吉祥的手工艺品。涂了好几层漆的漆器，象征着福泽深厚，常常用于喜庆的场合。

收割稻米的农忙季节结束后，就是农闲季节。在积雪的深山间，农户把稻草或者小麦秆扎成一捆捆，在等待春天到来的同时，可以编织吊坠挂饰、草鞋、蓑衣、笤帚等日用品。

让我们一边想象着这样的场景，一边试着把农户制造出来的这些手工艺品装饰起来。

器物收藏家的乐趣

有一些器物和艺术品一样，也具有收藏价值。像豆皿一类的小件器物，想必一定有很多人收集吧。对于器物爱好者来说，搜集喜欢的手工艺匠人的作品并收藏，也是很有乐趣的事情之一。

本节将向各位介绍如何挑选各色器物，以及如何收集中意的器物。被器物吸引到移不开眼是难得的体验，但要留心实用物品的手感如何、重量是否恰到好处。

先入手的器物

　　起初添置器物时，推荐你从每天都会用到的食碗开始选。食碗的款式和颜色全凭个人喜好挑选，但建议多拿起来几次试试手感。

　　也可以用这种方式找到合适的汤碗。用稀有漆料制成的漆器，价格不菲。以木头为基底的漆器，就算漆料脱落了，也能在重新上漆后继续使用。

　　无耳口杯和小碟在餐桌上都是很百搭的配角餐具。吃西餐的话，可以用它们来盛汤或甜点；吃日料时，则可以拿来装日式小菜和糕点。除此之外，餐桌上再添几个6~8寸餐盘就能摆成一套基础款餐具。选择爱用的精美器物，让餐桌呈现别样的美。

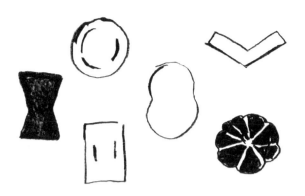

筷子与筷托的摆放

　　筷子的数量基本上按照家庭成员的数量摆放,但其称手的程度因人而异。应选择不会轻易从手中滑落的筷子,它们被精细地削过,好拿。如果注重手感,建议选择筷身剖面呈多边形的筷子,带几何边缘和圆弧的筷子也不错。拿在手里有些分量的筷子,当属带木纹的黑檀木筷和紫檀木筷。只是花纹过于烦琐的筷子,很难和其他餐具协调,因此首选简洁大方的筷子。

　　我们可以试试用莳绘、象嵌等工艺技法制成的筷子。有多双不同样式的筷子,就能享受多种风格。

　　筷托为每天使用的筷子带来了新鲜感。试着挑战一下颜色偏艳丽、图案醒目的筷托。可以选择非常规形状的筷托,比如各式各样类似于葫芦和蔬果造型的个性化筷托。还可以让装着蘸料的豆皿兼顾筷托的功能。也可以选用松竹梅、明月玉兔之类的纹饰或造型来凸显餐桌上季节的变化。

餐垫或桌布

　　餐垫或桌布是能一下子改变餐桌风格的重要角色。即便使用了相同的器物,不同的餐垫或桌布也能给人眼前一亮的印象。餐垫或桌布都可以折叠后收纳起来,因此不会占用太多空间。如果大块桌布的洗熨问题让你感到麻烦,可以先尝试购入几款单人餐垫。

　　春天时可以使用柔软的棉麻浅色餐垫。夏天的时候,则选用清爽的蓝染布料餐垫。秋天的餐桌,适合驼色、橄榄色等深色的棉麻餐垫。冬天则与温馨的手工餐垫很相称。

　　把高温铁壶或土锅等器物端到餐桌上的时候,为了不使桌面受损,要在器物底部铺上隔热餐垫。有一定厚度的稻草隔热餐垫,不但结实耐用,还有手工艺品独有的温暖质感,与日式和西式食器均适配。稻草餐垫经过长时间使用后,会从绿色渐渐褪色成更有韵味的茶褐色。搜集各色各样的餐垫来搭配大小不一的器物,也有一番乐趣呢!夏天,只是在或白或蓝的瓷砖上摆放一片餐垫,就能营造出一种清爽的感觉。

家中小酌时间

　　对许多人而言，拥有的酒器越多，越高兴。说到在自己家喝一杯酒这件事，最惬意的就是去搜罗适合不同酒的酒器。啤酒可使用粗犷的大玻璃杯畅饮，也可以使用高而薄的玻璃杯优雅品尝，还可以使用陶瓷酒器，据说陶瓷能够有效防止气泡消散，并让泡沫的口感更加绵密细腻。

　　喝葡萄酒时，也要根据品种和产地选择适当的酒器，例如波尔多和勃艮第葡萄酒都有专门的玻璃杯。但是在家里饮酒的话，可以随心所欲，有人会选择无耳口杯或荞麦猪口这种广口的酒器。

　　用来装酒和酱料的片口，可以当作冷酒的分酒器。较浅的片口还可以被活用为盛放小菜的小碟。

　　日本酒的饮用温度有冰凉的、温热的、滚烫的……每个人喜欢的清酒温度不尽相同，相配的酒器也都不一样。玻璃制品、漆器、陶器、锡器等酒器中，定有你喜欢的材质与款式，挑一种方便拿取、称心如意的款式吧。

　　可以说，无论是喝什么酒，导热性好的锡器都能使酒水保持一定温度，其中的负离子还能剔除杂味，让酒的风味更加醇香。

　　在一天结束时，悠闲地喝一杯自己喜爱的酒不是很惬意吗？

小器物的收集

　　在置办每日都会用到的食器和喜欢的酒器后，不妨试着收集一些小物件，把生活装点得更具风情吧。

　　像酱油瓶、调味瓶等大一点的容器，光是放着，就有令人无法忽视的存在感。可以把它们充分利用起来，比如牛奶玻璃瓶除了装牛奶，还可以当作花瓶。

　　小件器物不会太占地方。撞色的搭配也好，花哨的图案也罢，都可以尝试一下。

　　比起小心翼翼地搭配，相信直觉更为重要，全力开启玩乐之心，享受器物带给我们的生活乐趣。

74

器物发现之旅

　　参观器物产地，体验当地的风土人情，再将一眼相中的器物带回家。越来越多的手工艺品集市和陶器集市在日本各地开办，这使买家与手工艺匠人直接对话的机会也越来越多。

　　小春庵店主春山宽贵在经营自家的工艺品商店之余，也会去日本各地采风，做田野调查，探访窑户。下面让我们一同听听他在器物发现之旅中有哪些乐事。

日本各地手工艺
匠人云集的陶器集市

用本地器物
吃手打荞麦面

益子町有着众多时尚的
古玩店

乘坐真冈火车欣赏美景,
令身心变得平和安宁

比邻东京的陶器城市益子町

　　栃木县益子町从江户时代末期就开始生产碗盆和水瓶等日用品。后来，发起日本民艺运动的哲学家柳宗悦及陶艺家滨田庄司，一同移居益子町。因此，益子町渐渐成为闻名日本的陶器之乡。

　　从东京市中心出发造访益子町窑地及其周边艺廊展厅也十分方便，当日即可往返。因此每逢"五一"黄金周和11月举办的益子陶器市集，都会有大批游客慕名而来。

　　抵达旅行目的地后，不急着马上进各家店铺搜罗器物。首先在器物产地附近去吃午餐吧，这些餐厅通常会优先使用当地制作的器物。你用餐的时候注意调动感觉器官，感受这些器物与当地食材的契合之处。在益子町，就能用古朴文雅的民艺器物享用一碗手打荞麦面，以及一份用当地蔬菜做的天妇罗。

探访砥部
池本窑

坐落在砥部中心的
大宫八幡（神社）

松山市路面电车来来往
往，颜色是代表爱媛特
产蜜柑的橙色

因夏目漱石的小说
《少爷》而广为人知的
道后温泉

松山名产锅烧乌冬面

隐于闹市的窑业城——砥部町

爱媛县砥部町生产的陶器是以山中采掘的砺石碎屑为原料制成的，这项工艺从江户时代末期沿袭至今。一般来说，制窑业兴盛的地方都离繁华的城市街区较远，但从旅游资源丰富、有着松山城等众多景点的松山市出发去砥部町，乘坐公交车也只需要40分钟，地理位置优越且交通便利也是砥部町吸引游客的原因。

抵达砥部町之后，可以先在"砥部烧观光中心炎之里"参观制陶流程，并亲自体验陶器彩绘。这里汇聚了城中制陶匠人及其陶艺作品。你可以在此先找一些个人钟爱的器物，再参观生产这些陶艺作品的窑地。此外，在"砥部烧陶艺馆"等地，你还能亲手捏制陶器坯胎，并体验手拉坯等制作环节。

参观窑地后，推荐在别具风情的道后温泉住上一晚，以消除这一趟旅行的疲累。

利用建造登窑 的砖块和废弃陶片 砌成围墙	开采陶石的 泉山磁石场
陶山神社用染付 制成的鸟居与灯笼	具有当地风情的 有田内山街景

日本瓷器的发祥地——有田町

佐贺县有田町是日本最早制作瓷器的城市。有田烧也以当时出货的港口命名为"伊万里烧"。在主要的参观地点"源右卫门窑"附近，还有很多窑地可供游客近距离见识匠人的制陶手艺。许多资料馆与美术馆为游客展示艳丽的彩绘陶器。漫步于此，你能感受到这座瓷器小镇是那么风情万种又充满意趣，此地也被选为"日本20世纪20处文化遗产之一"。

在旅行中，可以购买体现当地特有技艺或者匠人独特风格的小件器物，如筷托、豆皿等。好不容易来一趟，一些游客想要置办昂贵的大件陶瓷工艺品。但购买小件器物的门槛较低，还能一次购买多件，享受自行搭配的乐趣。若怕瓷器在回程路上破碎，可用衣服包裹，这也是小件器物的魅力所在。

制陶工具
石膏模

窑窑林立的
中尾山

怀旧感十足的
鬼木梯田

武雄温泉

长崎县地方美食
什锦面

有400年历史的陶器之乡——波佐见町

　　位于长崎县中央的波佐见町,毗邻佐贺县有田町,原本与有田町同属"肥前国"。400余年以来,这里一直制造与生活息息相关的陶器。早在江户时代,波佐见町的窑户便已开始烧制分量和安定感十足的"kurawanka碗"[1],这种食器经常拿来装饭菜,在民间被广泛使用。其他器物以"白山陶器"为主,有着极具现代感的图案设计和轮廓,在人们的现代生活中也很常用。

　　中尾山的窑窑鳞次栉比,每年4月都会如期举办对外公开展览的"樱陶祭"。"五一"黄金周期间,当地还会实景再现汇聚世界各地窑窑特色的"陶艺公园",并在公园举办"波佐见陶器祭典"。

　　回程途中,推荐顺道去附近的武雄温泉和嬉野温泉放松一下。

1　相传江户商人拿着碗贩卖时还喊着"kurawanka"(来一点吗),因此它得名kurawanka碗。——编者注

想要去拜访
手工艺品集市与陶器市场

在手工艺品集市和陶器市场，你可以切身感受到匠人的手艺与当地特色。和匠人面对面讨论对作品的理解，亲手触摸制陶素材，是乐事。邂逅"中意的器物"也是外出拜访的一大乐趣。这里整理了日本的代表性手工艺品集市和陶器市场，你将来若有旅行计划，可参考。

与千叶有缘的匠人群英荟萃

千叶手工艺品集市和艺术品展销会

· 6 月第一个周六、周日

· 佐仓城址公园

许多与千叶有缘的匠人汇聚于此,生产了各式各样的手工艺品。这里的集市为你带来品类繁多的陶瓷、木器、漆器、玻璃制品等能够融入日常生活的工艺品。

有历史的手工艺品集市

松本手工艺品集市

· 5 月最后一个周六、周日

· 县之森公园

2019年这里举办了第35届商品博览会。各类手工艺品成为纽带,连接了匠人、买家及想要互相切磋手艺的同好。此外,为了让工艺技法进一步根植于本土,2007年至今这里每年都会如期举办"工艺的五月"艺术活动。

聚集了各种灵活应用原料的工艺品

从工坊而来的风潮

· 10 月

· Nikke Colton Plaza 露天会场

由"Nikke"(日本毛织株式会社)策划并运营的露天手工艺品展览,致力于促进匠人与买家的沟通。通过艺廊展厅策展人的筛选,各种日常艺术品和手工艺品齐聚于此。

让艺术品更贴近生活

手工艺品集市

· 每月第三个周日

· 鬼子母神、大鸟神社

东京都内规模最大的手工艺品集市,每月在丰岛区杂司谷的"鬼子母神"与"大鸟神社"举办。每月通过更换款式多样的器物、面包、甜点等小物展示每期不同的集会主题,吸引众多手工艺品匠人前来,因此每个月都不能错过。

佐贺县

始于明治时代并延续至今的传统陶器集市

有田陶器集市

· 4 月 29 日至 5 月 5 日

· 有田町全境

这是开办于有田町全境的大型陶器集市，商铺、砖墙小路、门前町，乃至其他所有地方都是集市会场。能看到传统的有田烧、日常器物、个性化的器物。

大坂府堺市

在堺市以茶汤出名的街道上举办的集市

灯笼集市

· 11 月

· 大仙公园活动广场

灯笼集市一般展出陶瓷、玻璃制品、木器、金属制品、染织品等，聚集了日本各地的专业匠人和工艺品爱好者。在此处你能亲手触摸艺廊展厅策展人挑选出来的手工艺品。

滋贺县

日本自古以来的陶器之乡

信乐陶器祭典

· 10 月

· 滋贺县甲贺市信乐町

传统的信乐烧产地，会在室内举办艺术品展览会，并在室外销售。展销会上的工艺品有人们熟悉的狸猫，以及许多诸如此类的大型装饰物、生活杂物等，你在这里可以搜罗各式各样的陶器。

栃木县益子町

每年春天与秋天举办

益子陶器集市

· "五一" 黄金周、11 月

· 益子町全境

每年 "五一" 黄金周、11 月，益子町全境都会举办大型陶器集市。届时此处会云集各路新锐手工艺匠人及其作品，有500余个摊位同时在此售卖传统的益子烧和日常器物。

在拥有千年历史的窑窖举行

濑户物祭

· 9 月第二个周六前后

· "尾张濑户站" 周边以及濑户市内一带

濑户窑是日本六大古窑之一。2019年迎来了第88届"濑户物祭",每年日本各地的数十万人来此地参加祭典,届时整座城市的所有街道都会成为祭典的活动现场。

清仓大甩卖也魅力十足

民窑村祭

· 5 月、10 月

· 东风村小石原窑

小石原窑烧制出来的器物呈现出飞铇、刷毛目等技法工艺。每年春秋两季,都会有以44 座窑场为主场举办的陶器集市。届时,将有机会体验陶器彩绘和享用小石原烧盛放的美食。

夏日里的风物诗

京都五条坂陶器祭典

· 8 月 7 日至 8 月 10 日

· 五条坂一带

陶器祭典在清水烧的发源地举行,五条坂一带的350家店铺参与此祭典活动,每年都非常热闹。除了能发掘传统意义上的宝物,也可以发现一些新秀作品。

备受期待的现场表演

笠间陶炎祭（火祭）

· 日本黄金周

· 笠间艺术之森公园活动广场

展销活动集合了众多陶艺家的作品,超过200 座窑场参与祭典。陶炎祭是能够拉近匠人与买家距离的陶器市集。在此可以选购酒杯、陶瓷碗等日用器物。

匠人介绍页内容：

1   窑窖或者制造工坊、艺廊的名称

2   工艺匠人姓名

3   器物材质

4   能表现作品风格的技法和工艺特色

5   主要器物品目

6   主要产地

7   网站主页

8   Instagram（照片墙）用户名

9   推荐匠人的艺廊名称

人物简介
1975年出生于
业技术研究所
基础课程与木
开设工坊，201
松，创作至今。

2

在艺廊备受推崇的55位器物工艺匠人一

6	5	4	3	2	1
主要产地	器物品目	工艺种类	木器	落合艺地	苔岩工坊
滋贺县大津市	盆、碗	木器、漆器			

材质多种多样，技法五花八门。种类繁多的造型与色彩，也是器物令人痴迷之处。

我们采访了各大艺廊老板，询问他们时下备受推崇的器物工艺匠人有哪些。

希望这些内容能帮助你进一步了解自身喜欢的器物，产生"我喜欢这种风格""以前从没见过的这件器物感觉还真不错""竟然还有这种工艺"等想法。

苔岩工坊

落合艺地

工艺种类　木器、漆器
器物品目　盆、碗
主要产地　滋贺县大津市

漂亮的方盆用圆口刻刀雕琢出规则的纹路，用车床……用木工……

📷 ochiaishibaji.jp
📷 shibajiochiai
推荐店：mist ∞

7 📷 ochiaishibaji.jp
8 📷 shibajiochiai
9 推荐店：mist ∞

岳中女士所制作的器物雍容华贵且充满细节，其展现的女性魅力令无数人着迷。无论是拥有绝对美感的雕刻，还是柔和的彩绘，都令人叹为观止。

岳中爽果		
工艺种类	釉上彩、雕刻	 陶器 / 瓷器
器物品目	碟、杯、酒器、花器	
主要产地	京都府京都市	

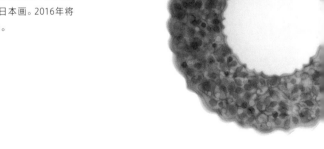

人物简介

1997年毕业于武藏野美术大学工艺设计专业。2001年于东京都目黑区开设工坊。2005年进入多摩美术大学造型表现学部专攻日本画。2016年将工坊迁至京都，在业内活跃至今。

www.takenakasayaka.jp

sayatakenaka

推荐店铺：mist ∞

高坂千春	半瓷器[1]			
	工艺种类	釉下彩		
	器物品目	碟、盆、杯		
	主要产地	栃木县芳贺郡益子町		

高坂女士的瓷器上有着独特的手绘几何纹路。触手生温的瓷器，能为你的日常生活带来喜人的生命力。

人物简介
高坂千春于1986年在日本福岛县出生，2007年于多治见市陶瓷器意匠研究所结业。2009年她将工坊迁至栃木县益子町，至今仍旧致力于制陶。

■ takasakachiharu.web.fc2.com

推荐店铺：mist ∞

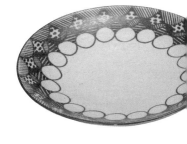

1　陶瓷器中的一种，用介于瓷和陶之间的材料所制。——译者注

			久保田健司
主要产地	器物品目	工艺种类	
益子町	碟、盆、杯	一珍、泥釉陶	陶器
栃木县芳贺郡			

利用工艺技法一珍，一笔一画地在陶坯上绘制出精细的花纹图案，泥釉陶上彩绘着憨态可掬的小动物。久保田先生的器物就是这样温暖又可爱。

人物简介

1979年出生于日本埼玉县，2004年毕业于埼玉大学教育学部艺术理论专业。后来他移居栃木县芳贺郡益子町，师从大熊敏明。2006年进入益子烧制陶所工作，2011年开始在益子町开创个人工作室。

kubokem.tumblr.com

kubokem

推荐店铺：mist ∞

苔岩工坊 矢野幸子		
工艺种类	器物品目	主要产地
漆器、莳绘	碗、小碟、汤匙	滋贺县大津市

漆器

矢野女士的漆器,将女性的秀美融入传统工艺技法之中。她使用色漆或莳绘的技法在器物上绘制优美的动植物图案,产品令人叹为观止。

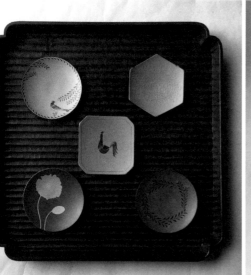

人物简介
1978年在大阪府出生。2001年,在京都市传统产业技术后继者育成中心研修完漆工课程。同年师从漆艺家服部峻升。2007年成立个人工作室。2008年因育儿而无暇顾及事业,不得不暂时歇业,2015年重新开始创作活动。

yanosachiko

推荐店铺:mist ∞

			苔岩工坊
主要产地	器物品目	工艺种类	落合芝地
滋贺县大津市	盆、碗	木器、漆器	木器

漂亮的方盆用圆口刻刀雕琢出规则的纹路，用车床刨制的圆盆能看出原木的自然纹路。

落合先生纯手工制作的器物，让人想长久使用，一生珍藏。

人物简介

1975年出生于京都府京都市。2000年于京都市产业技术研究所漆工本科结业。此外还学习了木工基础课程与木工车床技术，2007年于滋贺县朽木开设工坊。2012年将工坊迁至滋贺县大津市南小松，创作至今。

ochiaishibaji.jp

shibajiochiai

推荐店：mist ∞

陶坊 momo
奥绚子

陶坊 momo	奥绚子		
	瓷器	工艺种类	手拉坯、轮花、金银彩
		器物品目	茶具、酒器、碟
		主要产地	东京都品川区

土耳其蓝搭配温柔的樱花粉，磨砂手感加上金银色彩绘，外形小巧，令人爱不释手。奥绚子女士的器物总能给生活带来心动时刻。

人物简介

1978年出生于神奈川县，1998年毕业于武藏野美术大学陶瓷专业，同年入职东京龙泉窑。2011年在东京都目黑区建窑，于2015年将其搬迁至东京都品川区，创作至今。

toubou-momo.moo.jp

oku.junko

推荐店铺：mist ∞

出制陶

山本领作

主要产地	器物品目	工艺种类	陶器
冈山县备前市	杯、酒器、花器	备前烧、色土	

备前烧拥有陶土的淳朴质感。在继承传统技艺的基础上，还将有颜料的『色土』揉入制陶的工艺流程之中，使陶器整体呈现出时尚又洗练的艺术风格。

人物简介

山本领作是山本出(山本家族是"冈山县重要非物质文化遗产"传承者)的次子，1978年出生在日本冈山县备前市。其祖父山本陶秀被称为"人间国宝"。2001年毕业于日本大学艺术学部美术专业。2003年得父亲山本出的家传手艺，2014年与哥哥山本周作共同组建制陶工坊。

izuru-seitou.com

izuru_seitou

推荐店：mist ∞

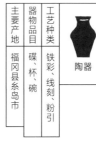

醇窑				
高须健太郎				
工艺种类	陶器			
器物品目	铁彩、线刻、粉引			
主要产地	碟、杯、碗			
	福冈县系岛市			

高须先生制作的铁彩作品，具有蓬勃刚毅的原始生命力。

其花纹讲究，并且有着别致的形状和厚实的质感，这样的铁彩作品十分吸睛。

人物简介

1974年出生于日本福冈县福冈市。从福冈大学法学部毕业后，受到身为陶艺家的母亲的影响，进入爱知县立濑户窑业高等学校。之后回到福冈县，在系岛市开始从事陶器制作事业。

 junyo1974

推荐店铺：mist ∞

　松塚裕子

松塚裕子					
陶器		工艺种类	器物品目	主要产地	
		陶器	碟子、马克杯、水壶、高脚碗	东京都调布市 深大寺	

松塚裕子烧制的是能够与幸福的回忆一同被长久珍爱的陶器，它们有着温柔绝妙的色调和西方古董般考究的样式。陶器上还有美丽的纯手工浮雕。

人物简介

1981年出生于福冈县。2004年毕业于武藏野美术大学工艺工业设计学科陶瓷专业。2006—2010年进入神户艺术工科大学造型学科，担任陶艺课程助理，2010年返回东京都深大寺的自家工坊开始创作。

 matsunoco.wixsite.com/yukomatsuzuka

shimi_matsu

推荐店铺：mist ∞

伊藤丈浩	

工艺种类	陶器
器物品目	土釉陶、苏打釉
主要产地	盘碟、马克杯、钵盆
	栃木县芳贺郡益子町

土釉陶是在坯体表面涂一层土釉而烧制出来的陶器。开创这种制陶风潮的手工艺品匠人便是伊藤丈浩。他制作的陶器看起来充满现代感，却有着质朴无华的厚重感，是进化的现代民间工艺品。

人物简介

1977年在千叶县铫子市出生。21岁时移居栃木县益子町，并在此地的制陶所工作。后前往美国，拜访了美国各地的陶艺家。回到日本后，又遍访日本的窑业场所，于2006年回到栃木县益子町，开办独立的制陶工作室。

itomashiko.exblog.jp

itomashiko

推荐店铺：mist ∞

寺村光辅		
陶器		
工艺种类	饴釉、灰釉、青釉、黑釉、琉璃釉、泥巴釉、色斑釉、白釉	
器物品目	盘碟、钵盆、马克杯	
主要产地	益子町 栃木县芳贺郡	

利用益子烧的传统釉药和陶泥，烧制贴近现代生活的器物，是寺村光辅的常用制陶技法。寺村光辅使用本地陶土，在此基础上灵活运用独家秘制的釉药，打造陶器的独特色调。

人物简介

1981年出生于东京。2004年毕业于日本法政大学经济学部，之后在益子町师从若林健吾学习制陶。2008年于益子町大乡户独立建窑。

kousuketeramura.com

kousuke.teramura

推荐店铺：mist ∞

工艺种类	压模成形	阿部慎太朗
器物品目	盘碟	
主要产地	茨城县笠间市	

半瓷器

百年之后也能被当作古董一样爱惜，这是阿部慎太朗的创作理念。在雕刻着图案的石膏模具内侧垫上陶板，能做出可爱的浮雕陶瓷。

人物简介

1985年在香川县高松市出生，在日本驹泽大学文学部读书期间接触陶艺，毕业后进入茨城县工业技术中心窑业指导所釉药科学习。定居笠间市，开设陶艺工作室，独立制陶。

🔲 pottershin.exblog.jp

🔲 shintaro_abe

推荐店铺：小春庵

花虎窯
　武曽健一

花虎窑	
武曾健一	
工艺种类	印花、绞手
器物品目	杯子、盘碟
主要产地	福井县丹生郡越前町

杯子上的可爱印花图案是匠人用手一个个按压出来的，釉药渗入釉面，用绞手做出来的盘碟如古瓷器一般。武曾先生制作的陶器在样式与色彩上十分丰富。

人物简介

出生于福井县坂井市丸冈町。2008年进入福井县窑业指导所学习。在"日本六大古窑"之一的越前烧窑场工作一段时间之后，于2012年在越前町开始独立制陶，建立花虎窑。

musoken1.blogspot.com

musoken1

推荐店铺：小春庵

土本训宽·久美子		
	陶器	
工艺种类	象嵌、烧缔	
器物品目	急须、盘碟、茶杯	
主要产地	福井县丹生郡越前町	

土本夫妇在越前当地制作陶器。土本家的象嵌陶器像古董瓷器一样充满迷人的魅力，丈夫训宽制作陶坯并塑形，再由久美子用三岛手工艺技法添加装饰。

人物简介

土本训宽于1979年在福井县出生。曾在冈山县的吉备高原学园高中学习备前烧的制作工艺。

久美子1976年生于广岛县。曾在宝塚造型大学专攻视觉设计，并于福井县工业技术中心窑业指导所完成陶艺进修课程。目前在越前从事陶器制作。

www.facebook.com/michihiro.domoto

michihiro.domoto

推荐店铺：小春庵

1　一种小茶壶。——编者注

在艺廊备受推崇的55位器物工艺匠人一　　113

使用制陶道具『刷毛』，可以在器物上旋转出简洁大气的古典纹饰。富本先生烧制的器物通常会采用灰釉，再加上『刷毛目』的花纹，更显沉稳成熟的魅力。器物釉面的铁锈斑点，是黏土中铁矿物质浮上釉面后形成的独特样式，这让瓷器整体更显温暖。

人物简介

1973年出生于爱知县常滑市。毕业于爱知大学经营学部，曾在信用金库就职，于1998年离职。之后回到老家，开始制作陶瓷，目前在爱知县常滑市开展陶艺活动。

推荐店铺：小春庵

	池本窑
瓷器	池本总一

工艺种类	白瓷、染付
器物品目	盘碟、钵盆、花器
主要产地	爱媛县伊予郡砥部町

池本先生所制的器物中，有像古代朝鲜白瓷一样简洁大气的白瓷花器，也有富有妙趣的染付盘碟。这些器物的风格不仅素雅，还颇大胆，让人爱不释手。

人物简介

1979年出生于爱媛县伊予郡砥部町。2003年从立教大学文学部毕业后回到家乡，并继承家业，开始制作砥部烧。目前经营着名为"鼹鼠窑"的登窑。

📖 moguranokama.com

📷 so1nko

推荐店铺：小春庵

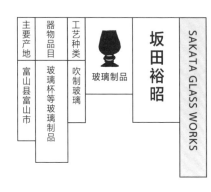

				坂田裕昭	SAKATA GLASS WORKS
主要产地	器物品目	工艺种类	玻璃制品		
富山县富山市	玻璃杯等玻璃制品	吹制玻璃			

坂田裕昭制作的优雅系列玻璃杯，以白色玻璃打底，再加上银箔，同时还使用鱼子纹。有时璀璨夺目，有时灵动可爱，总是以百变模样示人。

人物简介

1973 年出生。1994 年毕业于阿佐谷美术专门学校。2004 年从富山玻璃造型研究所造型科毕业后，进入富山玻璃工坊工作。2007—2009 年在七色玻璃工坊工作。目前作为玻璃制品自由匠人，在富山的个人工作室进行创作。

www.facebook.com/hiroaki.sakata.92

hiroakisakata

推荐店铺：小春庵

	小林裕之·小林希
工艺种类	吹制玻璃
器物品目	玻璃制品、碗、碟
主要产地	京都府京都市伏见区

玻璃制品

小林夫妻二人，在京都市伏见区手工制作玻璃器物。外部呈现水波纹样的六角形玻璃杯，给人复古感。

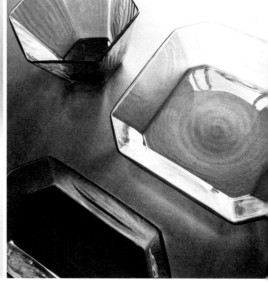

人物简介
1999年毕业于东京玻璃工艺研究所。2001年在京都市伏见区设立以吹制玻璃为主的工坊。2017年起以夫妻共同设计、制作的形式开展工作，致力于制作"有存在感的作品"，直至今天仍旧不懈努力着。

www.kobayashi-hiroshi.com
kobayashi_glass_works

推荐店铺：小春庵

工艺种类	陶器
器物品目	白岩烧、海鼠釉
	盘碟、豆皿、马克杯、装饰品
主要产地	秋田县仙北市角馆町

渡边葵

白岩烧和兵卫窑

用秋田当地的红土，糅合深蓝色和白色的海鼠釉，便能烧制出令人印象深刻的白岩烧。在继承传统工艺的基础上，渡边葵女士烧制的陶器也闪耀着自成一派的风格。

人物简介

1980年出生于秋田县仙北市角馆町。2005年在岩手大学研究所教育学研究科（美术工艺）毕业后，得其父渡边敏明的家传手艺。2009年又进入京都府立陶工高等技术专门学校研究科进修相关课程。2011年开始在和兵卫窑制陶。她以秋田当地独有的红土和釉药为原料，创造出各式各样的实用器物和装饰品。

www.aoiwatanabe.com

aoiw.w.w

推荐店铺：小春庵

矢萩誉大	245 studio
瓷器	
工艺种类	白瓷、银彩
器物品目	杯子、食碗、餐盘
主要产地	山形县村山市

矢萩誉大先生制造的白瓷，让人仿佛置身雪国澄澈清冽的空气之中，带来平心静气之感。釉面细腻柔滑，好像这些白瓷是用冰冻的薄土制成的一样。

人物简介

1986年在山形县出生。在日本东北艺术工科大学学习陶艺后，进入该校陶艺专业攻读硕士学位。曾多次参展并举办个人展览会，屡获嘉奖。2013年就职于非营利法人山形县设计网站。2014年在山形工业高中兼任讲师。2017年开始作为一名陶艺家在山形县积极地开展陶艺创作活动。

 www.takahiroyahagi.com

yahagitakahiro

推荐店铺：小春庵

chakka-chakka.jp	智也鸿巢	 木器	工艺种类	器物品目	主要产地
			木工	盘碟、砧板、日式托盘、餐具	茨城县笠间市

汤勺被打磨得光洁又有型，大号木盘还带着木纹触感与木材的温度。鸿巢先生制作的木质器物虽说全部是纯手工的，但其工艺的精巧程度是无与伦比的。

人物简介

1977年出生。木艺大师。曾在古董家具店研习如何打造家具以及修复古董家具。2011年开设网站"chakka-chakka.jp"。除了打造家具，还手工制作各式各样的木质食器。

■ www.chakka-chakka.jp

⊙ chakkachakkajp

推荐店铺：小春庵

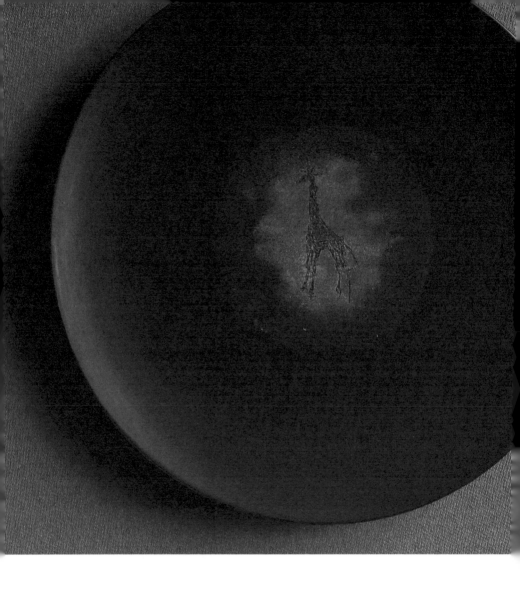

村上修一

村上修一先生致力于让格调很高的漆器走进寻常百姓家。他通过涂漆技法，让漆器焕发出木质基底原有的韵味，越是经年累月地使用，漆器越有韵味，其耐用性也是其独特魅力之一。不仅如此，漆器即便破损，修缮后也仍旧可用。

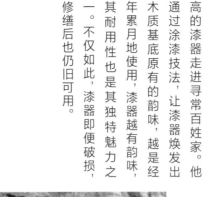

人物简介

1970年出生于福岛县磐城市。曾加入日本青年海外协作队前往坦桑尼亚生活。回到日本后于2000年进入会津漆器技术后继者养成所开始研学涂漆专业，并师从传统工艺漆匠仪同哲夫。2004年自立门户，并参与日本贵重漆料的原料采集和漆器修复工作。

推荐店铺：小春庵

		广 川 温
主要产地	器物品目	工艺种类
栃木县芳贺郡 益子町	盘碟、杯子、砂锅	粉引、耐热器物
		陶器

如果想在明火上将焗饭或者鱼贝鸡米饭之类的食物煮得热气腾腾，然后直接端上餐桌，就首选广川温师傅制作的耐热器物，它能让冬日里的餐桌变得更加温暖。

人物简介

1984年出生于日本滋贺县。2008年在多治见市陶瓷器意匠研究所学习技术课程后，入职土岐市某制陶所。2012年完成信乐窑业技术试验场的素色釉药课程，之后在益子町开展制陶事业。

🔲 atsu-hirokawa.tumblr.com

⭘ atsu_hirokawa

推荐店铺：小春庵

山下秀树

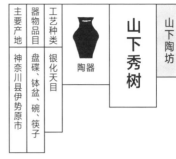

工艺种类	陶器
器物品目	银化天目
主要产地	盘碟、钵盆、碗、筷子
	神奈川县伊势原市

「银化天目」这项技法的独特之处在于，其所使用的釉药含有铁矿物质，因此山下先生制作的器物会散发出一种柔和的亚光银色。此技法把每一件器物都打造得独一无二。

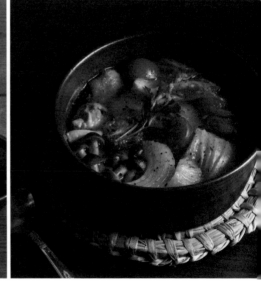

推荐店铺：小春庵

人物简介
1992年进入桑泽设计研究所学习室内设计，毕业后又在佐贺县立有田窑业大学学习手拉坯，随后进入伊集院真理子工坊。经过不断试错，创作出了独特的亚光银陶器。

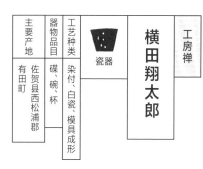

工房禅		
横田翔太郎		
工艺种类	瓷器	
器物品目	碟、碗、杯	
工艺种类	染付、白瓷、模具成形	
主要产地	佐贺县西松浦郡 有田町	

作为有田烧『工房禅』第二代接班人的横田翔太郎，在瓷器制作上使用传统工艺技法『吴须绘具』，在染付时时笔触逐渐晕开，形成朴素的美感。

人物简介

继承初代伊万里的染付手艺，成为"工房禅"第二代接班人。2005年从有田工业高中陶瓷科毕业后入职光学玻璃公司。2016年从有田窑业大学手拉坯科毕业，进入"工房禅"开始制陶事业。

www.koubo-zen.jp

koubo_zen

推荐店铺：小春庵

龙洞窑	宫田龙司	
工艺种类	陶器	陶器 ／ 瓷器
器物品目	盘碟、小盆	
主要产地	栃木县芳贺郡 益子町	

工艺种类栏：饴釉、白釉、灰釉

宫田龙司先生认为：「菜肴装盘上桌，器物才算真正完成。可即便只是单单一件器物，也具有动人之处。」他纯手工打造的陶瓷有着凌厉的轮廓，释放着存在感。

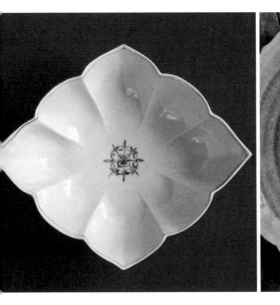

人物简介
1999年起师从高内秀刚学艺7年。2006年于益子町独立建窑。2012—2017年其作品入选日本国展，2015年获得栃木县艺术祭奖励。目前在益子町开展制陶活动。

kozikozi14tatumi

推荐店铺：小春庵

矢口桂司		工艺种类	器物品目	主要产地
陶器		吴洲釉、饴釉、益子青釉、黄釉	椭圆形盘碟、钵盆、马克杯、杯子	栃木县芳贺郡市贝町

矢口桂司先生在绿松石蓝中加入光泽柔和的黄色，在深绿色中加入饴釉的棕色。他用心甄选益子町当地特有的白色陶土，再添上光鲜亮丽的釉药，制作的器物不仅色彩艳丽，而且好用。

人物简介
1974年出生于日本栃木县宇都宫市。在栃木县窑业指导所学习陶艺，结业后师从坂田甚内继续研习制陶手艺。2006年在益子町旁的市贝町建窑。

ameblo.jp/san-bou-mu-zai

keijiyaguchi

推荐店铺：小春庵

何菜品都惊人地相称。带有这种花纹的器物和任器表面的釉药，素坯露出，忘的鱼骨纹。匠人刻掉陶器物表面布满令人过目难

			池田大介
主要产地	器物品目	工艺种类	
东京都町田市	盘碟、钵盆、杯子	三岛手、粉引、刷毛目	
		陶器	

人物简介

1979年出生于日本新潟县，在东京长大。2001年从玉川大学文学部艺术学科陶艺专业毕业。2002年成为滋贺县立陶艺之森常驻艺术家。曾在罗工坊（公司）旗下信乐陶坊制陶，2007年移居东京都町田市。

www.ikedadaisuke.com

daisukeikeda.potter

推荐店铺：小春庵

3

让你更享受挑选器物之乐趣的基础知识一

进一步深入了解器物

如果能随心所欲地使用自己钟爱的器物就好了……虽然人们常这么想，但是容易在接触许多复杂的专有名词时感到迷茫。这些专有名词听起来很晦涩，但实际上你对专有名词了解得越多，在选择器物时就越能享受深层次的乐趣，从而体悟到更加丰富的器物之美。如果有机会与艺廊的工作人员或者手工艺匠人直接对谈，我们也能毫不怯场。

为了让你更加享受蕴含在器物之中的意趣，在此将介绍一些基础知识。

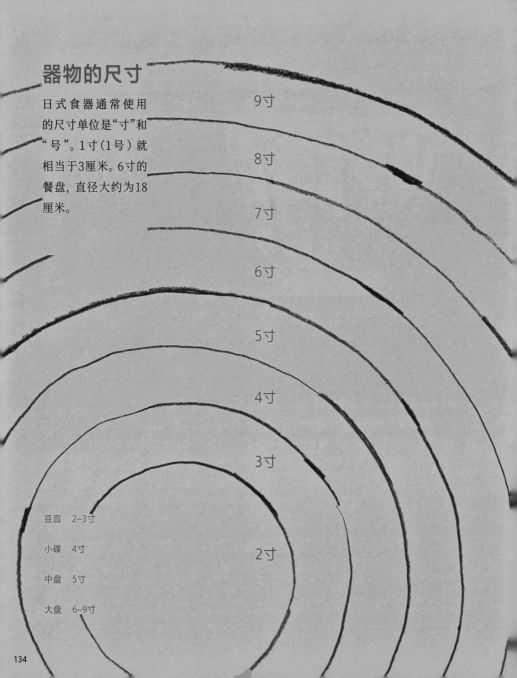

器物的尺寸

日式食器通常使用的尺寸单位是"寸"和"号"。1寸（1号）就相当于3厘米。6寸的餐盘，直径大约为18厘米。

9寸

8寸

7寸

6寸

5寸

4寸

3寸

2寸

豆皿　2~3寸

小碟　4寸

中盘　5寸

大盘　6~9寸

口缘

嘴巴接触的器物口边缘,也被称作"口边"。嘴巴对这个部分的触感也会因其形状不同而不同。

碗壁/盘口

碗内部绘有图案的部分或者餐盘口处的绘图部分。

胴

器物本身的主体部分。多数碗、碟、钵盆的这部分有彩绘图案。

腰

从胴的下半部到高台腋之间的区域。

高台腋

高台上侧周围一圈。

高台

陶瓷器物底部的器足,即接触桌面的部分。用作茶碗的时候,器物是否便于拿取,主要看高台部分的手感。

各部位的叫法

器物的各个部位,有相应的叫法。

器物形状和名称

多大的盘算是大盘?器物的名称是什么?让我们再来一起复习一下吧。

豆皿

（3寸以下）

可以用来盛放少量的下酒菜或调味料，也可以叠加在大的器物上摆盘，还可以别出心裁地当作筷托使用。

皿（碟）

圆形的叫作圆盘，阔面的叫作平盘（或浅碟），方形的叫作角皿，扁平的硬币式盘碟就称作椭圆皿。

小碟

（4寸以下）

像酱油和小葱之类的调味料，还有腌渍小菜或盐渍昆布皆可盛放。

中盘

（5~7寸）

最适合在分餐制的时候拿来当分餐盘。5寸中盘适合放配菜和切块蛋糕，6寸中盘能放下一片切片面包，7寸中盘则刚好能盛放一人份主菜。中盘是每日餐桌上必不可少的单品。

大盘

（8寸以上）

能装一份正餐主菜。8寸大盘还放得下一整个蛋糕或一整份意面，也适合当作一个套餐的餐盘。在自己家开派对的时候，9寸大盘可以将餐桌布置得很丰盛。

钵

有一定深度的器物。与西餐中的沙拉碗形状相近。中文习惯称作碗。有角的在日语里称作角钵。

小钵

（4寸以下）

可以盛放凉拌金平牛蒡或煮羊栖菜等小配菜。

中钵

（5~6寸）

较浅的可以拿来当分餐盘，有一定深度的可以拿来盛装有汤汁的菜肴。

大钵

（大于8寸）

可以在食客多、菜量大的场合使用。想象着京都传统的家常菜，盛上土豆炖肉或海带炖白萝卜等有汤汁的料理吧。

汤碗

用来装汤的碗。日本通常使用漆碗。和饭碗一样，要用手端着，最好挑选适合拿在手上的形状和尺寸。

饭碗

用来盛饭的碗。日文也写作"茶碗"，因为起初是为喝茶而制作的碗，之后才拿来盛米饭。

丼

比饭碗更深、更大的器物。除了亲子丼和茶泡饭，也很适合装乌冬面或拉面等面食。

汤吞

无耳茶杯，为了让热茶汤保温，被制成窄口、杯身细长的形状。

杯具

马克杯

深度足够,并且附有把手。在家或办公室喝咖啡、红茶都很方便。

杯盘组

较浅,附有把手,和托盘是一套。通常在有客人时使用。

无耳杯

没有把手,西式或日式的餐食都能使用,也可以盛汤或甜点。

荞麦猪口

用来装荞麦面酱汁的器物,也可以用来喝茶或当作小钵。

急须

茶壶。有着壶嘴和把手,能够泡出好喝的日本茶。

汲出

广口小茶碗。可以用来饮用昆布茶或花汤(用盐渍樱花沏的茶)。

德利

瓶颈处收窄、用来倒日本酒的容器。因为倒酒的时候发出的声音很接近"德利"而得名，也被称作"铫子"。

猪口/吞杯

用来喝日本酒的酒盅。通常口缘较宽、往底部渐渐收窄的是猪口，比猪口再大一些的被称作吞杯。

片口

没有把手，为了方便液体倒出而设计了注入口。用来盛凉拌菜或小菜也别有风情。

花瓶

插花的容器。

一轮插

适合插一两枝花的小花瓶。

水壶和醒酒器

附带把手的水壶。小水壶可以装牛奶、中号水壶可以存放沙拉调味汁。大号水壶很适合当花器。

砂锅

因为砂锅的材质导热慢，所以慢慢炖煮可引出食材本身的鲜美，让一道菜更有底蕴。同时，砂锅的材质耐热性强，所以炖煮完成后，可以直接端上桌用餐。还能用砂锅蒸出软糯的米饭。

平底大玻璃杯

可以用来喝水或红茶。

高脚杯（脚略短）

带脚的平底玻璃杯，可以用来喝水
或者啤酒。

高脚杯（脚略长）

带脚的玻璃杯。为了醒出红酒、香
槟等酒水的香味而专门搭配使用
的酒器，从杯口的大小形状到举杯
的手感等细节的设计，都很考究。

烈酒杯

用来喝威士忌等烈酒，只有一口的
容量。

盆

托盘

用来盛放东西的器物。用餐时可以放碗和小碟，喝下午茶时放茶具和糕点。

砧板

有纹理的砧板也很适合当盘子使用。还可以拿砧板当作小餐桌，放上面包或者芝士，直接端上桌。

餐具

西式餐具

诸如刀子、叉子、勺子等餐具。

筷子

通常用木材或竹子制作。也有漆筷，还有用金属、塑料制作的筷子。除了个人使用的筷子，还有炒菜时用的菜筷和分餐时用的公筷等。

筷托

用来放置筷子的小器物，有各式各样的材质及形状。

汤勺

此处专指吃日餐所使用的陶瓷汤勺，是因餐具不入口的饮食文化而诞生的器物。

让你更享受挑选器物之乐趣的基础知识一

器物材质

陶瓷，在日语里叫作"烧物"，因为陶瓷最后要烧制成形。器物根据原料不同，大致分为陶器和瓷器这两类，当然还包括木器、漆器和玻璃器物等。

表面粗糙

质地柔厚

吸水性强，难以晾干，不耐脏又沉重

导热性差，保温性强

陶器

　　原料是从自然界中采集的黏土，它在日语中也称作"土物"。

　　"土物"涂上釉药，在大约 1 200 摄氏度的高温下烧制后，摇身一变成为日本广泛流传的"烧物"。而不涂釉药烧制的陶器，则被称为"柴烧陶"或"烧缔"。

釉质细腻光滑

轻薄透亮

防水、易干、耐脏

轻便

导热快，保温性强

瓷器

　　瓷器的原料是从山里采集的陶土和泥土，因此在日语中也被称作"石物"。

　　生坯涂上釉药后，在 1300 摄氏度左右的高温下烧制而成。

　　瓷器是从中国传入日本的器物。

　　如果轻轻叩击瓷器，能听到金属质感的声音。

木器

　　木器指的是将木材雕刻、削制后形成的手工艺品。原料是树木。传统日式木器的原料大多取自榉树、枫树、桦树、紫檀，近年来受欧美影响，日本从海外进口很多木材。

　　木材自身的特质各不相同，做出来的木器也会呈现不同的风格。

　　木器包括机械或手工雕刻的日式木盘，拥有木材温度和质感的汤勺，以及独具特色的砧板。

轻巧

不易导热

由于木材特性和烹调方式不同，器物上会留存食物残渣，要注意清洁

表面干燥时，涂抹一层食用油，以保持光泽鲜艳

玻璃制品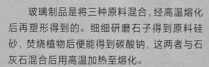

　　玻璃制品是将三种原料混合，经高温熔化后再塑形得到的。细细研磨石子得到原料硅砂，焚烧植物后便能得到碳酸钠，这两者与石灰石混合后用高温加热至熔化。

　　用金属管的一头将玻璃熔化后的液体卷起，同时在金属管的另一头一边吹气一边塑形，这种工艺被称作"吹制玻璃"。在玻璃熔化后的液体上施以雕刻、切割等精细工艺，被称作"雕花玻璃"。

漆器

　　在木质基底的器物上，反复涂抹漆料便制成了漆器。漆料的原料取自漆木的汁液。为了使漆料稳定地附着在木材上，匠人需要刷上好几层漆料。接下来还得用砥石反反复复地打磨抛光。日本只有 3% 的漆器用的是国产漆，日本国产漆 70% 的漆料都来源于岩手县二户市净法寺町。日本国产漆还用于修复日本的国宝与艺术品。漆器的工艺有很多种，比如简约的净法寺涂、强调木纹的镰仓雕，以及装饰性极强并具有象征意义的京漆器和轮岛涂。

质感温润

轻巧

导热慢，保温好

什么是釉药

釉药,指的是覆盖在陶瓷表面的薄涂层。它不仅能使器物表面光鲜亮丽且手感细腻顺滑,还能保护器物免受水分、污渍以及磕碰带来的损伤。釉药的原料是天然矿物和金属氧化物,二者经高温烧制后转变为玻璃质地。因为釉药的原料比例和种类不同,所以陶瓷在颜色和质感上也会千差万别。既可以将器物整个浸泡在釉药中上釉,也可以使用刷毛对器物进行涂抹上釉,还可以用淋釉的手法上釉,它们都能达到装饰的效果。

青釉

在灰釉中加入氧化铁会得到青釉。以铁为主要着色剂的釉药经过还原焰焙烧后会呈现青绿色,再经过一段时间的氧化,会变成介于浅褐色和黄色之间的色调。

灰釉

其主要原料是草木灰,不同的植物焚烧后会得到不一样的草木灰,釉药会因草木灰种类不同而产生不一样的颜色,但是灰釉整体呈现出淡雅柔和的风格。

透明釉

其主要原料是长石和石灰石,它们经过高温烧制后会变成像玻璃一样的无色透明釉。当匠人想要呈现白瓷的基底或者凸显釉下彩时,都会使用透明釉。

铜绿釉

主要成分是灰釉和少量的铜。经焙烧、氧化的陶瓷会呈现出浓厚的青绿色。

饴釉

主要成分是铁。经焙烧、氧化的陶瓷会呈现出茶褐色或有光泽的糖浆色。如果只在陶瓷表面涂上薄薄一层饴釉，烧制后就会呈现嫩绿色。

海鼠釉

海鼠釉因为蓝白色斑纹看起来像海参（日语中写作"海鼠"）的纹路而得名。不透明是海鼠釉的特点之一。

琉璃釉

氧化钴加上透明釉，就成了深蓝色的琉璃釉。

什么是景色

陶瓷被称作"火焰"的作品。初步设计陶瓷的形状后，再去大自然中挖采泥土、拉坯塑形、施以釉药。娴熟地掌握火的温度是难度很高的事情，火候的不同会引发土壤中各种物质产生意想不到的化学反应，从而影响陶瓷的质感。釉药也会因为含氧量和原料的不同，产生意料之外的颜色变化。所谓的"景色"，指的就是由于窑内火力、温度的变化，陶瓷随机表现出来的色泽和质感。质地并不均匀的陶瓷或者纯手工打造的陶瓷都有自身独特的魅力，这些特质都是陶瓷的迷人之处。

铁粉
釉药中的铁矿石所形成的褐色斑点。

开片（日本称为「贯入」）
高温烧制后立即冷却得到的细小裂纹。

垂釉
施釉时，釉汁往下流时形成的痕迹。

什么是绘付

绘付，是在素坯上绘制图案的技法。大体可分为釉下彩和釉上彩。

釉下彩

在已经成形的素坯上使用颜料彩绘，再施以透明釉，然后入窑焙烧。

染付

用含有钴料的吴须染料彩绘的陶瓷，在烧制后会变成青蓝色。用这种染付技法制成的陶瓷，也被称作青花瓷。

釉上彩

陶瓷上涂好釉料并焙烧出窑后，进行彩绘，最后再在800摄氏度左右的温度下焙烧。

五彩

用红色、绿色、黄色、紫色、蓝色之类的釉上颜料在陶瓷上彩绘的工艺技法就叫"五彩"，日语称之为"色绘"，又称"赤绘"。

五花八门的技法

除了绘付，装饰陶瓷还有很多种技法。另外，上色和塑形的工艺技法也是五花八门。

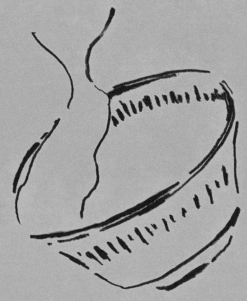

上色技法

化妆土

在素坯上涂抹一些颜色不同于基底的土，这样能改善陶瓷发暗的情况，白色泥浆能提亮陶瓷的光鲜度。

粉引

在褐色陶坯上涂白色化妆土，再施以透明釉，这种烧制陶瓷的工艺被称为粉引。

铁绘

用含有铁矿石的颜料进行彩绘，经过焙烧后出窑氧化成黑色、褐色的陶瓷。

三彩

这是用两种以上的色釉互相晕染的技法。一般使用可以低温烧制的铅釉。

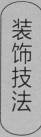

刷毛目

用笔刷涂抹化妆土的技法。

镐纹

塑形后，用雕刻刀之类的工具在素坯上镄出纹样的技法。

阳刻 / 阴刻

让器物表面呈现凸起或凹陷的花纹。

土釉陶

欧洲的传统技法。在素色基底上，用土釉画出装饰图案。土釉陶也是器物的一种类型。

印判

类似版画的制作工艺，将图案转印到器物上。

印花

像使用印章一样把图案压在器物上。

堆花

一边挤出陶土，一边在陶器表面勾画出立体的纹样。

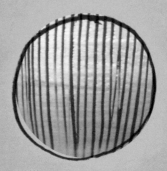

栉描

用梳齿在素坯上刷出密集的线条。

飞铇

一边让器物在拉坯机的轱辘转盘上旋转，一边在器物上用雕刻刀刻出精美的图案。

面取

在成形的陶器表面，用雕刻刀或者线割式切土器切割陶土，形成规则的几何剖面。

莳绘

在器物表面用漆料绘制图案，再撒上金、银、锡等金属粉末。

银彩、金彩

使用银泥、金泥或者银箔、金箔的装饰技法，将染付和五彩结合，也被称作"金襕手"。

象嵌

在器物表面雕刻图案或纹样后，在内嵌的部分填上白色陶土，再涂上釉药后焙烧。"三岛手"也属于象嵌技法。

剔花

用化妆土美化器物颜色后，将部分化妆土刮掉，露出素坯，使图案凸起。

塑形技法

轱辘转盘成形（陶瓷）

一边转动拉坯机上的轱辘转盘，一边用按压的方式将黏土拉坯塑形。木器也可选用这种方式压模成形。

手捏（陶瓷）

这是一种纯手工捏制陶瓷素坯的技法，可以任意捏出各种形状。

泥板成形、压坯成形（陶瓷）

泥板成形，是切割成形且厚度均匀的泥板，然后将这些泥坯组装成器物。压坯成形，也叫印坯法，是将泥板压入石膏模具或者木质模具中印制坯体。

吹制（玻璃）

将球状熔融玻璃吹进金属或石膏模具中塑形。

刳物（木器）

使用雕刻刀自由塑造形状。

挽物（木器）

使用轱辘转盘，边旋转边雕刻。

纹样的种类

绘制在器物表面的图案被称作纹样。这些纹样主要是日本司空见惯的花卉草木图案，抑或是一些有吉祥寓意的图案。

砥草
仿照水草描画的竖条纹。

圆纹
有类似硬币的图案，也有像水珠一样的图案。

市松模样
两种颜色相间的方格花纹。

文字
以"福""吉"这类喜庆的字眼为主。

青海波
月牙形图案重叠，呈现出波纹。

唐草

藤蔓缱绻的纹样,让人感受到蓬勃
的生命力,寓意是子孙繁荣。

瓢

即葫芦图案,有着子孙满堂和无病
无灾的吉祥寓意。

纲目

像渔网一样的纹样。这是日本自古
有之的纹样,有的笔法精致细腻,
有的则展现出欢快轻松的氛围。

几何纹样

三角形、四边形等多边形,以及圆
形等几何图案交织成的纹样。

花鸟

草木花卉和鸟类图案组成的纹样,
这是一种传统纹样。

唐子纹样

描绘中国唐代的童子形象,他们有
着中国风发型和服装,在愉快地
玩耍。

寻找和使用匠人作品的乐趣

出自手工艺匠人之手的"匠人珍品",不同于工业品,是匠人以自身独特的感悟力制作的物件。哪怕是看起来大同小异、在生活中司空见惯的碟盘,也都有着细微的差别。它们都是"独一无二"的,这也是器物的一大魅力。

即便是随手拿起的马克杯,也包含了匠人的生活方式和为人。匠人以独特的理念和技法打造手工艺品,器物背后的故事让使用者对器物更加爱不释手。

另外,在深入地了解当代匠人的艺术品后,你不时能察觉到匠人"创作风格的变化",这一点也妙趣横生。请一定要尝试寻找你喜欢的匠人,并持续关注匠人更多的作品。

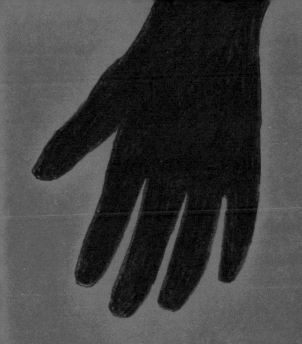

器物工艺匠人二

在艺廊备受推崇的55位

这里以陶瓷为主，也包括漆器、木器、玻璃制品等，下面继续为你介绍形形色色的手工艺品匠人。

充满新鲜感和乐趣的世界将在你眼前展开。

中町和泉		
工艺种类	瓷器 	
	五彩、染付	
器物品目	碟盘、小钵、口杯、筷托	
主要产地	富山县富山市	

滑雪以及熊和老虎等充满童趣的可爱图案被中町女士绘制在器物上。这些平易近人又有些俏皮的图案很受欢迎。

人物简介

1976年出生于日本湘南。大学时开始学习陶艺，2002年起在妙泉陶房师从山本长左学艺。2006年于石川县能美市开始独立创作手工艺品，后将个人工作室迁至富山县富山市，仍在持续制作中。爱好登山。

 n_i_ceramics

推荐店铺：日用器物花田

松本郁美	
器物种类	瓷器
工艺	剔花
器物品目	碟盘、口杯、高脚杯、高杯
主要产地	滋贺县甲贺市

剥落部分化妆土，使器物表面留下图案的技法，在日本被称作『搔落』，中文称之为『剔花』。这种技法常用来绘制可爱的动植物造型和纹样。松本郁美制造的器物给人温暖与怀旧的感觉。

人物简介

2001年毕业于日本成安造型大学造型设计学科环境设计专业。2018年在滋贺县成立工坊。深受中国传统瓷器形状与纹样的影响。所制瓷器讲究手绘，注重质感，运笔流畅，给人灵动的感觉。

ikumi-ceramic.com

ikumi.matsumoto

推荐店铺：日用器物花田

studio fujino
藤崎均

studio fujino		
藤崎均		
工艺种类	木工	 木器
器物品目	角皿、圆盘	
主要产地	神奈川县相模原市	

橡树、榉树、樱桃树和胡桃等各种树木，均可作为木器的原料。匠人藤崎均小心处理木材，以极佳的品位打造出木制器物。选购一件独具匠心的木器，摆在餐桌上让它展示美丽的木纹吧。

人物简介

木制家具匠人。日本大学艺术系本科毕业后，入职桧木工艺株式会社。2001年留学意大利，并在米兰成立工坊，打造定制家具。2007年将工坊迁回日本，在阵马山山脚下，享受着大自然的丰厚恩赐，日益精进木工手艺。

studiofujino.com

studiofujino

推荐店铺：日用器物花田

矢岛操			
工艺种类	瓷器 半瓷器		
器物品目	五彩、剔花		
主要产地	碟盘、钵盆、碗、杯子		
	滋贺县大津市		

通过强烈对比的黑白单色剔花工艺，在器物表面绘制笔触细腻柔和的五彩。矢岛女士擅长在器物上使用多种技法，打造出『有故事的器物』。

人物简介

1971年出生于京都。1994年毕业于京都精华大学造型系美术陶艺专业。2000年将个人工作室迁至滋贺县大津市比叡平。矢岛女士希望能制作出与四季相配、适用于各种场合且会讲故事的器物。

 misao_yajima

推荐店铺：日用器物花田

朝虹窑
余宫隆

朝虹窑	余宫隆	
		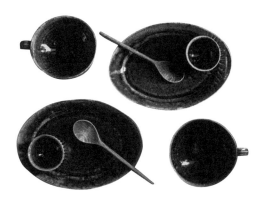 陶器
工艺种类	白浊釉、灰釉、刷毛目、粉引、饴釉、铁釉	
器物品目	碟盘、钵盆、马克杯、瓶子	
主要产地	熊本县天草市	

余宫先生出生于自然环境优美的天草市。带有镐纹的杯子和食碗令人印象深刻。在西式器物造型的基础上，涂上白浊釉和饴釉后，独特的质感显得魅力十足。

人物简介

1972年出生于日本熊本县天草市。19岁在唐津学习，师从中里隆。24岁时回到天草市，继续在天草丸尾烧学习制陶手艺。30岁建立工坊并开窑，持续活跃在陶艺界。目前他的作品以个人展销会的形式面向大众。

asaniji.jp

yomiyatakashi

推荐店铺：日用器物花田

伊藤聪信		
工艺种类	印判、五彩、白瓷	陶器　瓷器
器物品目	碟盘、钵盆、食碗、杯子	
主要产地	爱知县常滑市	

伊藤先生的五彩技法，是借助「印判」这项工艺，在陶瓷上绘制出如同印章盖上去的纹样。通过具有时代感的原创陶瓷，向大家展示异国情调。

人物简介

1971年出生于日本兵库县。1996年毕业于名古屋艺术大学美术系设计专业。1999年于爱知县常滑市建窑。

 ito-akinobu.com

🅞 itoakinobu

推荐店铺：日用器物花田

推荐店铺：日用器物花田

		陶瓷
	工艺种类	陶瓷
	器物品目	茶碗、钵盆、碟盘
	主要产地	京都府京都市

杉本太郎

陶器

瓷器

杉本先生运用『镐纹』、『丸纹』以及『挂分』等富有京都特色的纹样来装饰陶瓷，体现出他的幽默和玩心大发。

人物简介

1970年出生于京都。毕业于京都精华大学美术系。师从陶艺家近藤阔，后充分展现个人实力，在京都独立制陶，屡获嘉奖。

日高直子	
工艺种类	染付 陶器 / 瓷器
器物品目	豆皿、角皿、小钵、荞麦猪口
主要产地	冈山县备前市

器物表面通常绘有诙谐幽默的「三贤人」形象，或者姿态悠然的小动物形象，能为你的日常生活增添小欢喜。

人物简介

日高直子于1972年在神奈川县出生。2011年从爱知县立窑业高等技术专科学校毕业。2011—2015年在岐阜县制陶所工作，2016年搬去冈山县，开始作为独立匠人制陶。目前与同为制陶匠人的丈夫日高伸治一起进行陶艺创作。

naoco_hidaka

推荐店铺：日用器物花田

这对夫妻共同打造富有细节、外形精致的碟盘。从古至今，从东方到西方的造型巧思，都被运用在安斋夫妇的陶瓷作品中。这些器物将向你展示简洁又有个性的世界。

安斋新·安斋厚子	
工艺种类	以拉坯塑形为主
器物品目	碟盘
主要产地	石川县加贺市
陶器 瓷器	

人物简介

安斋新，1971年出生于东京，1998年毕业于佐贺县立有田窑业大学辘轳专业。

安斋厚子，1974年出生于京都府京都市，1996—1999年师从寄神宗美，2003年毕业于京都市工业试验场专修科。

aaanzai

推荐店铺：日用器物花田

崔在皓		
	工艺种类	瓷器
瓷器	器物品目	白瓷
	主要产地	钵盆、壶、花器
	山口县周南市	

瓷器在拉坯机的轱辘上旋转时产生了柔美的线条。

这些瓷器时而熠熠生辉，时而饱满温润，并会随着光线的变化产生不同质感，充满魅力。

推荐店铺：日用器物花田

人物简介

1971年出生在韩国釜山。毕业于首尔弘益大学陶艺专业。截至2019年，崔在皓已经在日本生活16年。他有感于日本人对陶瓷的态度和审美眼光，因此决意移居日本。2004年迁窑至山口县，一心钻研白瓷的创作。

山田隆太郎	 陶器	工艺种类	器物品目	主要产地
		粉引、土彩、铁彩	碟盘、钵盆、酒器、花器、	神奈川县相模原市

陶器既简约又厚重。山田先生的器物都充满着质朴的魅力，能够很好地盛放食物。

人物简介

1984年出生于日本埼玉县。2007 年毕业于多摩美术大学环境设计专业，2010年在多治见市陶瓷器意匠研究所进修，后留在该市独立制陶。2014年将制陶工坊迁至神奈川县相模原市，创作至今。

推荐店铺：日用器物花田

宽白窑	
岸野宽	
陶瓷	
工艺种类	陶瓷
器物品目	白瓷、烧缔茶碗、酒器、壶、花器
主要产地	三重县伊贺市

岸野先生致力于打造贴近生活的器物，以真挚虔诚的态度对待古陶，缔造一个陶瓷的世界。

人物简介

1975年出生于京都府精华町。毕业于京都市立铜驼美术工艺高等学校陶艺专业。师从伊贺土乐窑的福森雅武。2004年于伊贺市丸柱开窑。

www.ict.ne.jp/~kanhaku

推荐店铺：日用器物花田

吉冈将二			
工艺种类	染付		陶器
器物品目	碟盘、钵盆、口杯、猪口		
主要产地	石川县金泽市		

九谷蓝充分展现了吉冈先生娴熟的制陶技法。他在不断精进技艺的过程中，实现了古伊万里纹样的复制。

人物简介

1994年毕业于石川县九谷烧技术研修所，后入职妙泉陶房，师从山本长左学习染付。2002年入职九谷青窑。2008年开始独立制陶，积极开展创作活动。

twitter.com/00661133yy

推荐店铺：日用器物花田

	岩馆隆·岩馆巧
工艺种类	净法寺涂
器物品目	木碗
主要产地	岩手县二户市

将日本国产漆器制作工艺「净法寺涂」发扬光大的岩馆家，是岩手县二户市传承三代的漆器世家。

漆器的魅力在于，不仅可以在值得庆祝的日子里使用，也可以在日常生活中使用。

人物简介

岩馆隆，现居岩手县二户市，是一位精通漆器制作技艺的艺术家，致力于复兴传统的净法寺涂。

岩馆巧，岩馆隆之子，漆器世家岩馆家的第三代继承人，21岁起学艺，目前作为一名涂师（漆器匠人）在积极创作中。

推荐店铺：日用器物花田

富山先生的木质器物不仅呈现出现代感，也让人感受到日本传统美学中的『侘寂』。它们真实地展现出原料的本色，有品位、有诚意。

	富山孝一	
工艺种类	木工	木器
器物品目	盆、方盘	漆器
主要产地	神奈川县横滨市	

人物简介
木匠，在神奈川县横滨市青叶区一带开展工作。

www.tomiyamakoichi.com
koichi_tomiyama

推荐店铺：日用器物花田

硝子工坊风花
中山孝志

中山孝志		
工艺种类	吹制玻璃	
器物品目	玻璃制品、口杯、酒杯	
主要产地	冈山县美作市	

玻璃制品

硝子工坊的玻璃制品有着像奶油要融化一样的质感和简洁的轮廓，手感舒适。器物整体呈现温暖和精致之感，能使你的生活格调更加高雅。

推荐店铺：日用器物花田

人物简介

1965年出生于日本京都府。师从中岛九州男。
1995年于冈山县设立硝子工坊风花，希望能制作
出"方便使用、百看不厌的物件"。

三窑
184 阿部春弥

三窑	阿部春弥		
工艺种类	瓷器		
器物品目	阳刻、刮圆、镐纹	碟盘、钵盆、食碗、马克杯、筷托	
主要产地	长野县上田市		

用阳刻技法在刮圆的素坯上施以龟甲纹样，就做成了华美的轮花碟。可爱的筷托也是阿部先生有趣的特色作品。

人物简介

1982年在长野县上田市出生。毕业于爱知县立窑业高等技术专科学校，师从备前陶艺家山本出。2004年，20出头的他便在家乡筑窑，并开始独立制陶。

 abe_haruya

推荐店铺：日用器物花田

稻村真耶

	瓷器
工艺种类	白瓷、染付、琉璃釉
器物品目	碟盘、钵盆、马克杯、壶
主要产地	滋贺县大津市

稻村女士的设计理念是，让菜品在装盘后，呈现最好的视觉效果。宁静柔美的蓝色染付悄然融入日常生活，是其魅力所在。

人物简介

1984年出生于日本爱知县常滑市。从爱知县立窑业高等技术专科学校陶艺专业毕业后，师从藤塚光男学艺4年。2009年在京都鸣泷开窑，2010年在比叡山坂本建窑，现于比叡山山脚制陶。

inamura-maya.com

inamuramaya

推荐店铺：日用器物花田

冈田直人		
工艺种类	陶器	半瓷器
器物品目	白釉	草帽汤盘、碗、杯、壶、
主要产地	石川县能美市	

冈田先生的白色陶瓷，会使人联想到欧洲古董。精致的轮廓，搭配日料、西餐或者中餐，都能充分展示魅力。

人物简介

1971年出生于日本爱媛县松山市。在石川县九谷青窑工作10年后，于2004年在石川县小松市设立工坊。2014年将工坊迁至能美市，以"物尽其用，打造简洁利落的作品"为宗旨开展制陶活动。

 naoto416

推荐店铺：日用器物花田

向山窯樱越工坊
増渕笃宥

向山窑樱越工坊		
增渵笃宥		
陶器		
工艺种类	象嵌、砥草纹	
器物品目	碟盘、钵盆、罐子、小茶壶	
主要产地	宫崎县小林市	

巴掌大小的口杯上装饰着精美绝伦的纹样。增渵先生制作的器物，是如同稀世珍宝一般的存在。

人物简介

1970年在茨城县笠间市出生。1988—1990年在东京设计师学院学习，1990—1992年在爱知县立窑业高等技术专科学校继续进修。曾在濑户喜多窑霞先陶苑、笠间烧窑元向山窑、宫崎县绫照叶窑等就职，2005年在宫崎县北诸县郡高町独立制陶。2010年，将个人工坊迁至宫崎县小林市。

facebook.com/kzg.sakuragoe

kzg.sakuragoe_tokuhiro/sakurakoeru

推荐店铺：日用器物花田

西山芳浩		
工艺种类	吹制	 玻璃制品
器物品目	酒杯、钵、瓶子、水壶	
主要产地	石川县金泽市	

闪动着光影的玻璃制品，既充满清凉之感又很温柔，这便是西山先生打造的玻璃世界。

人物简介

1979年出生于日本爱媛县。1997年进入函馆玻璃工作室，1998年在诹访玻璃之乡工作，2001年在播磨玻璃工坊担任指导员，2004年在金泽卯辰山工艺工坊当研修生，2007年入职金泽牧山玻璃工坊。

推荐店铺：日用器物花田

GORILLA GLASS GARAGE

			生岛明水	GORILLA GLASS GARAGE
主要产地	器物品目	工艺种类		
静冈县西伊豆町	酒杯、口杯、花器	吹制 玻璃制品		

生岛先生的玻璃制品，就如同绽放的花朵一般，色彩缤纷且欢快明艳。他使用各种技法制造的独具个性的玻璃制品，只需要往桌上一摆，便能给你增添生活的乐趣。

人物简介

1971年出生于日本东京都。1995年毕业于多摩美术大学玻璃专业。2001年于西伊豆町设立玻璃工坊"GORILLA GLASS GARAGE"。以吹制工艺为主、其他技法为辅制作玻璃制品。

推荐店铺：日用器物花田

花月窑				
宫冈麻衣子				

	工艺种类	器物品目	主要产地	瓷器
	染付、白瓷、琉璃釉	碟盘、钵盆、猪口	东京都青梅市	

宫冈女士的瓷器以早期的伊万里烧为模本，在此基础上呈现出具有现代感的时尚风格。器物上的植物线条和各色纹样，与菜色之间形成平衡协调的美感，值得人细细玩味。

人物简介

1974年出生于日本横滨。毕业于武藏野美术大学油画专业。在爱知县立窑业高等技术专科学校完成进修后，于2004年在东京都青梅市设立花月窑。由于被早期伊万里烧深度吸引，宫冈女士想把这份韵味通过自己的作品表现出来，于是使用染付、白瓷和琉璃釉等工艺技法制作瓷器。

kagetsuyou.com

kagetsuyou

推荐店铺：日用器物花田

古贺雄二郎		
 陶器	工艺种类	粉引、刷毛目、烧缔、灰釉
	器物品目	碟盘、钵盆
	主要产地	爱知县新城市

古贺先生所制的陶器，一点也不矫揉造作，使用起来顺手，与各种菜色百搭。陶器的色调温和，与其他餐具搭配也很相称。

推荐店铺：日用器物花田

人物简介

1964 年出生在日本神奈川县。1982 年自东京造型大学休学，师从松冈哲。1985 年毕业于濑户窑业培训学校，1989 年在濑户市汤之根町开窑，目前在爱知县新城市开展制陶工作。

Mercury Studio	大庭一仁				
	陶器	工艺种类	盐釉、烧缔、粉引		
	瓷器	器物品目	碟盘、钵盆、汤勺、口杯、水壶、花器		
		主要产地	美国科罗拉多州		

大庭一仁先生是活跃在美国的日本制陶师。其风格自由洒脱。成品规格较大，是其作品的魅力所在。

人物简介

1971年在日本兵库县神户市出生。17岁赴美国后师从杰里·温格伦学艺4年，回到日本后又在唐津师从中里隆继续精进手艺2年。2004年在美国科罗拉多州独立制陶，也会去世界各地采风制陶。

www.kazuoba.com

kazu_oba

推荐店铺：日用器物花田

	清水直子
工艺种类	瓷器
器物品目	染付、五彩、铁绘
主要产地	碟盘、钵盆、猪口
	京都府

清水女士的瓷器仅仅用于盛装小菜摆在餐桌上，就足以为餐桌增添华丽的色彩。融合古典优雅的风格与柔美可爱之感的五彩和染付是其魅力所在。

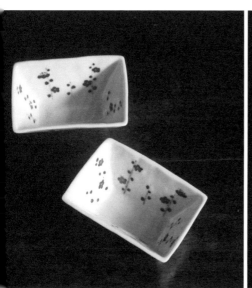

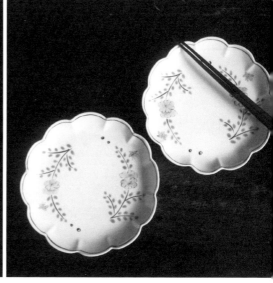

人物简介

1974年出生于日本大阪府。1997年毕业于京都精华大学美术专业，主攻陶艺造型。毕业后师从藤家光南。2000 年与丈夫土井善男在京都府龟冈市共同创立个人工作室，并开始独立制陶。

naoko.shimizu.doi

推荐店铺：日用器物百福

与享受。

的用餐时光都充满欣喜

使用这些瓷器，让你每天

创作五彩与潇洒的染付。

古川女士以舒展的笔法

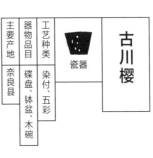

古川樱		
工艺种类	瓷器	
器物品目	染付、五彩	
主要产地	碟盘、钵盆、木碗	
	奈良县	

人物简介

1980年出生于日本奈良县。2004年毕业于京都教育大学。2006年从多治见市陶瓷器意匠研究所毕业，今在奈良县与父亲古川章藏共同制作陶瓷器物。

utautable.exblog.jp

utau_shokutaku

推荐店铺：日用器皿百福

让你更享受挑选
器物之乐趣的
基础知识二

进一步
深入了解器物

在享受器物之乐趣的同时, 你是否曾有这样的念头冒出来:"这种器物是从哪里流传到日本的呢?""这样的材质是怎么制造出来的呢?"如果对器物的历史或者传统工艺有兴趣, 你可以从书中得到答案。了解得越深入, 对手边的器物越爱不释手。

日
本
器
物
的
历
史

从土物开始的日本器物

古代的日本人就会用土制作碟盘和壶瓮等器物。8
世纪，受到中国与朝鲜半岛的影响，日本开始制作
绚丽多彩的绿釉，模仿唐三彩施以绿色、棕色、白色
釉药的"奈良三彩"也正是在这个时期问世的。9世
纪，日本匠人开始使用灰釉制作陶器，这项工艺从
现在的爱知县流传开来。

诞生于日本中世纪的六大古窑

从平安时代到室町时代，六大古窑及其周边地区渐渐制作出许多不施釉药、只以高温烧制的陶器，这类通过烧缔工艺制作的陶器既坚固又防水。

从镰仓时代开始，特权阶层流行使用珍贵的中国舶来品"唐物"。安土桃山时代，濑户和美浓等地挖掘出大量质地优良的陶土，匠人用从中国传来的釉药和制陶技法对当地的陶土进行加工，最终创造出日本独有的器物。

室町时代后期，日本茶道中萌生"侘""寂"这样独有的传统美学意识，并孕育了相应的文化。

六大古窑

爱知县濑户市
爱知县常滑市
冈山县备前市
兵库县丹波筱山市
滋贺县甲贺市信乐町
福井县越前町

地方领主扩张陶器产地的安土桃山时代

安土桃山时代, 作为将军的织田信长和丰臣秀吉, 会将器物作为赏赐赠予自己的家臣。战国时期的武将在接触日本茶道后, 都沉迷其中。

因此备前和信乐这两大地区, 为这些爱好茶道的武士制作了众多陶质茶具和花器。京都地区的匠人, 为了彰显对"侘茶"之美的追求, 创作出乐茶碗。

以出兵朝鲜为契机, 日本各地的领主争先恐后地将朝鲜工匠带回日本, 并在自己的领地上建窑制陶。就这样, 日本新增了许多陶瓷产地, 比如鹿儿岛生产了萨摩烧, 福冈县生产了上野烧, 山口县生产了荻烧等。此外, 岐阜县美浓地区制造了令人过目难忘的深绿色织部, 以及黄濑户、濑户黑、志野等魅力十足的陶瓷。

陶瓷器物开始进入寻常百姓家

进入江户时代以后，佐贺县有田地区引领了日本陶瓷制造业的发展。日本匠人发扬了从中国学来的染付和五彩技法，17世纪下半叶通过荷兰东印度公司将陶瓷器物销往欧洲。伊万里烧正是因为出口货物的港口伊万里而得名。同样位于佐贺县的锅岛藩创作出了进贡给德川家族的铜岛烧，这类器物一般使用染付、青瓷、五彩工艺。

在出口的陶瓷和特供贵族使用的高级陶瓷扩大生产量的同时，有一种被称作"kurawanka"、专为平民生产的陶瓷，也开始大量生产。陶瓷器原本专属于地方领主和富商大贾，进入江户时代以后，才逐渐融入寻常百姓的生活中。

拉近与创作者的距离

除了创作者、使用者，"品鉴者"的存在也是器物文化的
显著特征。古代就存在像千利休一样的集大成者，能判
断器物的价值。现代则有提出民艺理念的哲学家柳宗
悦、美术评论家青山二郎、随笔作家白洲正子等广为人
知的人物。我们对那些有艺术品位和独到见解的名人
充满敬仰，了解他们赞赏的器物，并去艺廊接触珍品，
这是走进艺术世界的惯常流程。

从憧憬到共鸣

不仅可以通过品鉴者和艺廊了解器物知识，还可以通过现代网络平台和社交媒体获取相关信息。许多手工艺品匠人都会通过网络平台分享自己最新的作品，我们很容易将匠人名字和器物风格联系在一起。从对器物和匠人满怀憧憬但不了解，到逐渐熟悉，制作者和使用者之间的距离也缩小到从未有过的程度。

近年来，除了传统的陶器市场，工艺品超市、手工集市等场所也增加了，这也使得我们直接接触匠人及其作品的机会增加了。同时，使用者自身的价值观和美学认知也变得更加丰富。无论是谁，都能够随心所欲地选择属于自己的器物。

小知识
器物

想要适合多人
聚会的
大餐盘……

这位匠人
是什么样的人呢？

这项工艺技法
叫什么？

作为礼物的话,
有什么推荐的
器物吗？

这位匠人
还有其他器物吗？

这件碟盘该如何
摆放才好看呢？

享受艺廊乐趣的诀窍

许多专卖店和艺廊都在销售器物。参观者总会忍不住担心:"不买能行吗?""该怎
样跟卖家交流才好呢?"你有过这样踌躇的时刻吗?
"享受于搜罗自己中意的物件。不买也没关系。静心观察器物一段时间, 培养出品鉴
力后, 就能看到更多更深层次的东西了。无须慌张, 请以更轻松的心态享受艺术空间、
游览器物专卖店吧。"日用器物花田的店主松井先生如是说。
此外, 如果能在艺廊和店家面对面交谈, 器物的选择过程也会变得更有乐趣。比
如, 先尝试问问上述问题吧。

守护传统：你了解日本国产漆吗

"漆"是一种日本传统工艺。具有人气的金继工艺也会用到漆，漆似乎广泛应用于日常生活中，但你真的了解何为"漆"吗？

漆的原料采自漆树，工人将收集来的漆树汁液制成珍贵的漆料。日本国内所使用的漆料97%都是进口的，3%是日本国产漆。这少量漆料的产地，就在岩手县二户市净法寺町。"二战"后，这个区域大量进口漆料和合成树脂，而日本国产漆几乎停产。但在采漆师傅岩馆正二及其子涂师（从事漆艺和漆器制作的人）岩馆隆等人的极力保护下，净法寺涂这一传统工艺得以保留。

日本传统工艺之所以在现实生活中得以传承，很大原因是它们在普罗大众的日常生活中具有实用性。在日常生活中持续使用器物，是助力传统工艺继承和产地保护的重要因素。

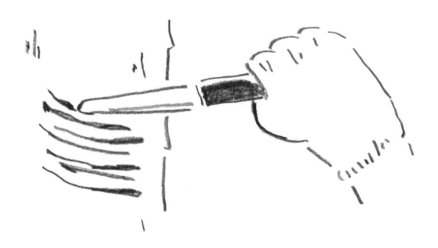

器物保养方法

如果想要延长器物的寿命，就得记住器物的养护方法。大部分器物都不能放入微波炉和洗碗机中，此外，刚买回家的器物也需要在使用前花时间养护。

土锅

在"开锅"之前，先不要着急涮洗。用抹布轻轻擦拭土锅后，在锅内倒入大米或者面粉，再加水至七八分满后开火。等到锅内煮的东西全部变成胶状后便可关火，再静置一宿即可完成"开锅"。

陶瓷器

新买回家的陶瓷器要注入清水或者淘米水泡20分钟后晾干，这样可以有效防止颜色和气味污染。

陶器

陶器上布满细孔，水分进入后容易滋生霉菌。菜品装盘之前可以先将陶器浸一下水，让水分包裹陶器表面，这种方法可以避免菜肴中的油脂和味道残留在陶器上。用完后还要确保陶器干燥。

五彩／金彩

使用蛮力擦洗的话，会使釉上彩部分的颜料剥落，请尽可能用海绵轻轻擦洗。

烧缔

用鬃毛刷清洗，会使烧缔器物逐渐变得光滑，色泽质感也会发生变化。

土锅

避免在锅内没有食物的情况下开火热锅。土锅的特点在于导热快且保温性强，因此使用土锅烹饪时，使用小火至中火能够延长土锅的寿命。使用之后待土锅完全冷却再进行清洗，切勿长时间浸泡在水中。

漆器

不适合长时间干燥保存，因此建议每天都使用，这是漆器保养的最好方法。使用后需要及时清理漆器内的食物残渣，切勿长时间浸泡在水中，清洁之后用抹布仔细擦干。

冲绳和九州地方

唐津烧（佐贺县东部、长崎县北部）

波佐见烧（长崎县）

小鹿田烧（大分县）

小石原烧（福冈县）

有田烧（佐贺县）

小代烧（熊本县）

萨摩烧（鹿儿岛县）

冲绳烧（冲绳县）

四国地方和中国地方

萩烧（山口县）

石见烧、温泉津烧（岛根县）

出西窑（岛根县）

布志名烧（岛根县）

因州中井窑（鸟取县）

备前烧（冈山县）

砥部烧（爱媛县）

清水烧（京都府）

信乐烧（滋贺县）

丹波烧（兵库县）

不可不知的
日本器物产地

对于日本的器物产地，很多人似乎都是有所耳闻却又似懂非懂。常听闻"某某烧"，却又说不上来它们具体是产自什么地方。

东北地方和中部地方

濑户烧（爱知县濑户市）

常滑烧（爱知县常滑市）

九谷烧（石川县）

越前烧（福井县）

益子烧（栃木县）

笠间烧（茨城县）

小久慈烧（岩手县）

支持本书的艺廊

在此介绍支持本书著成的艺廊，
每一家店都用独到的眼光精选出
能够根植于生活、越使用越爱不释手的器物，
并以易于入手的价格对外出售。
这是一个充满审美意识的艺术空间，
但绝对没有很高的准入门槛。
请一定探访诸家艺廊，并和匠人面对面交谈，
发掘专属于自己的器物。

九段下 日用器物花田

营业时间　10：30—19：00
　　　　　法定节假日营业时间为 11：00—18：30
定期休息日　每周日
　　　　　举办活动期间艺廊展厅照常营业

1977年开张。女性杂志和专门杂志的编辑也时常前来取材访问，这是一家在业内受认可、有信誉的艺廊。店主松井英辅先生以"菜肴做主角，器物做配角"为主题，亲自拜访各地的匠人，并挑选出能够让每天的餐桌变得更加有趣、丰富的器物。通过访问匠人，松井英辅自创一套食器系列"MOAS"，并广受赞誉。每两周举办一次策划展，能够推选出顺应季节的器物。

町田 日用器物百福

营业时间　12：00—19：00
定期休息日　周日、周一、法定节假日

干过室内设计和家具定制的工作之后，店主田边玲子女士怀着"想要向更多人介绍手工艺品的优良之处"这样的想法，开始经营艺廊展厅。步入这家店，像在自己家中一样舒适安心，店主会介绍店内摆设的精美器物和古典优雅的日式食器。此外，店内开设了天野志美女士的金继教室和榊麻美女士的盆栽课堂。

(神乐坂) # 小春庵

营业时间　12：00—19：00
　　　　　周日、法定节假日、展览日截至 18：00
定期休息日　周一、周二

店主春山宽贵先生从百货公司辞职之后，开始经营艺廊展厅。他遍访日本寻觅器物和工艺技法，希望能将这些美丽又令人愉悦的日本手工艺介绍给更多人。常设的展厅里，摆放着有质感的日常器物。春山先生以独到的见解，每两周更换一次小展览室的器物主题，不时会举办饰品和艺术品策划展。

(吉祥寺) # mist ∞

营业时间　　请随时联系店家确认时间

mist ∞ 成立于2008年。店主小堀纪代美女士从20年以上的育儿生活中深刻地感受到"饮食对于身体健康至关重要"。她以饮食为中心，将简便又健康的生活方式推荐给大众。她一直致力于向众人介绍那些能制作出耐用器物的匠人，以及那些长期使用也令人安心的作品。mist ∞ 平时不营业，每次开展时陈列的器物也不尽相同，这也是拜访这家艺廊展厅的乐趣之一。